网络的双重性：

人性的实现与人性的异化

刘慧园 ◎ 著

天津出版传媒集团

天津人民出版社

图书在版编目（CIP）数据

网络的双重性：人性的实现与人性的异化 / 刘慧园
著. -- 天津：天津人民出版社，2025.8. -- ISBN 978-
7-201-20786-5

Ⅰ. TP393

中国国家版本馆 CIP 数据核字第 2025TU9879 号

网络的双重性：人性的实现与人性的异化
WANGLUO DE SHUANGCHONGXING: RENXING DE SHIXIAN YU RENXING DE YIHUA

出　　版	天津人民出版社
出 版 人	刘锦泉
地　　址	天津市和平区西康路35号康岳大厦
邮政编码	300051
邮购电话	(022)23332469
电子信箱	reader@tjrmcbs.com
责任编辑	佐　拉
装帧设计	卢炀炀
印　　刷	天津新华印务有限公司
经　　销	新华书店
开　　本	710毫米×1000毫米　1/16
印　　张	13.5
插　　页	1
字　　数	280千字
版次印次	2025年8月第1版　2025年8月第1次印刷
定　　价	89.00元

目　录

导　论 ……………………………………………………………001

第一章　人性论的历史嬗变与发展 ………………………………038

　　第一节　中西方人性论思潮的历史演进 …………………………038

　　第二节　人性对社会秩序和社会发展的影响 ……………………057

　　第三节　现代社会的人性场域转变及人性基础的改造 …………063

第二章　网络社会形态中的人性考察 ……………………………072

　　第一节　网络社会形态中的人际互动 ……………………………072

　　第二节　网络社会形态中影响人性的动机 ………………………088

　　第三节　网络社会形态中的人性结构 ……………………………096

　　第四节　网络社会人性与现实社会人性的对比考察 ……………106

第三章　网络对人性实现的推动作用 ……………………………113

　　第一节　网络推动人的基本需要满足 ……………………………113

　　第二节　网络促进人的精神世界与情感世界更加丰富 …………121

第三节　网络促进人的创造性发展 ·············125

第四节　网络促进人的自由的实现 ·············132

第四章　网络社会中的人性异化与人性残缺 ·············140

第一节　网络经济的不正当参与扭曲人的逐利本性 ·············141

第二节　网络虚拟交往导致人的现实感减弱与孤独感增强 ·············148

第三节　网络的工具性与娱乐性引发个体过度网络依赖 ·············155

第四节　网络虚拟技术消解人的道德性 ·············162

第五节　网络技术空间中的理性意识缺失与群体极化 ·············168

第五章　消解网络时代人性异化的路径选择 ·············176

第一节　打造人性化的网络公共空间 ·············176

第二节　完善网络空间理性制度 ·············183

第三节　规范网络公共空间的参与行为 ·············190

结　语 ·············197

参考文献 ·············202

导　论

一、选题背景及研究意义

(一)选题背景

人类对世界的探索是从人性出发的,即从满足自身的需要出发。在人类社会的历史上,人性与社会、人性与秩序、人性与文明的发展存在着深刻的内部关联性,人性论和人性观在很大程度上反映着社会发展的基本建构形态——有什么样的人性,就会折射出什么样的社会。技术进步与社会进步总体上是正相关的关系,福山在《大分裂:人类本性与社会秩序重建》中说:"在人类历史上,以前曾出现过两次社会转变,即狩猎采集社会转变为农业社会,然后又从农业社会转变为工业社会。"[①]这两次的社会转变"最终产生重大结果"[②]:第一次社会的转变使人们摆脱了极低的生产率,获得更多的

---

① [美]福山:《大分裂:人类本性与社会秩序的重建》,唐磊译,中国社会科学出版社,2002年,第3页。
② [美]福山:《大分裂:人类本性与社会秩序的重建》,唐磊译,中国社会科学出版社,2002年,第3页。

生活资料，养活更多的人口；第二次社会转变带来了劳动生产率大幅度提高，财富急剧增长，快速城市化和爆炸式人口增长，两次社会转变无不反映了技术在人类文明创造过程中的重要作用。与技术和社会关系的不同，技术与人性却不总是正相关的，因为相对于技术的单向进步性，人类本性固有主观性和不稳定性，人性在其范围内的变动性太强，这种变动性的正面性能够推动社会进步，负面性则给社会的进步带来隐隐的阵痛。因此，技术、人性、社会在这里存在一个永恒的矛盾："人类文明由人创造，而创造文明的人，每个人身心却又都潜伏着反文明的因素。"[①]

翻阅从古至今的大理论家们关于人性的论述，除去人性善恶之争这个无定论的命题外，多数人赞同人性是生而固有的，是普遍的，并随着社会的进步，它逐渐有了道德、文明因素的约束。因此，人性之善是可以通过后天教化而逐渐形成的，人性之恶也可以通过后天教化进行疏导和消解。

当人类历史进入20世纪中叶以后，技术与人性、社会继续融合，信息技术以比特为元概念，通过比特的传输，革新了以往的信息交换方式，构建了网络空间，进而模拟现实社会，创造出与现实社会近乎平行的虚拟网络社会。而且随着网络技术的发展，这个虚拟社会发展前景远非于此，"信息化+智能化"已经凸显出它是未来人类社会存在和发展的方向。无疑，信息智能虚拟化的社会将对人类影响巨大，在这样的社会中，个人的主体力量将充分显现，单个人，甚至是稍有自主意识的人都有可能对社会产生巨大的影响。在这里，自主意识的崛起将会改变社会运行的结构，单个自主意识一旦得到相应群体的社会认同，就会形成一股社会力量，这样的力量将会导致社会、民族甚至是国家形态和国家地位的巨变。信息化、智能化的社会是"真正的

---

① 黎鸣：《问人性》（上卷），团结出版社，1996年，第42页。

个人化"①的社会,在这个社会中,"人再度回归到个人的自然与独立"②。

当然,当前我们正处于Web3.0时代,离尼葛洛庞帝预判的高度智能化、信息化的社会还有一定的时间差距。但是,我们发现,在Web3.0社会(依据尼葛洛庞帝的理解,Web3.0社会仍旧是数字化生存的早期),互联网技术与人性的结合而引发的社会秩序问题早已显而易见:在网络社会中,人们一方面体验着网络技术带来的生活、工作和学习上的便利,体验着网络带来的惊喜、迟疑、困惑、沉迷与挣扎,把网络当作一片精神栖息地,进行着情感交流与宣泄;另一方面,也面临着网络社会中的网络犯罪活动猖獗、网络色情、网络暴力、网络入侵、网络诈骗、网络病毒、网络人肉、网络谣言、网络过度依赖、社会现实存在感减弱、脱网的孤独感、焦虑感增强、现实个人的理性成分和理性意识减弱等问题。这些问题一方面反映了网络技术对人们的认知、心理、情感等方面产生了重要的影响,另一方面也说明了人类出于本性与网络的互动引发的各种问题不容忽视。

(二)选题意义

正如休谟所言,"任何学科不论似乎与人性离得多远,它们总是会通过这样或那样的途径回到人性"③。因此,在互联网技术成为一种全新的生存方式的今天,研究网络社会问题,我们需要抛开纷繁复杂的网络现象和社会现象,直接考察网络社会中最基本的问题——人性本身的问题,对这一问题的深入研究,对当前网络社会学、马克思主义人学理论的发展具有重要的理

---

① [美]尼古拉·尼葛洛庞帝:《数字化生存》,范海燕译,电子工业出版社,2017年,第52页。

② [美]尼古拉·尼葛洛庞帝:《数字化生存》,范海燕译,电子工业出版社,2017年,第52页。

③ [英]休谟:《人性论》,关文运译,商务印书馆,1982年,第2页。

论贡献意义，对现实社会生活具有一定的现实指导意义。

首先，从人性的角度研究网络社会问题，有利于丰富和发展网络社会学理论，纵向延伸网络社会学的研究范围。自网络社会诞生后，学界对网络社会的研究已经从搜集资料、研究网络现象向整理资料、研究网络社会本质转变。学界关于网络社会的基本释义、运行逻辑及运行结果取得了一定的理论成果，对互联网背景下人的生存形式进行了一定的研究。但就目前掌握的材料来看，当前学界对网络社会的研究分学科研究的特征比较明显，综合性研究的成果较少。比如国内外对网络促进网络政治民主、网络政治监督等研究比较深入，但是从人类发展史的角度看，从人性角度分析人类利用技术改变政治力量的研究比较少；再如，从社会学角度研究网络社会，国内学者侧重网络社会现象——网络舆论、网络成瘾、网络诚信、网络意识形态、网络社会治理等细分领域研究角度，国外研究侧重于从传统社会学的角度延伸网络社会新议题、新方向，没有上升到从影响网络社会秩序的根本因素——人类本性上进行分析，没有从人的基本属性——物质性、精神性和社会性上寻找解决网络现实问题的答案。从根本上说，人类的本性影响社会建构和社会秩序，从这个意义上研究网络社会问题，评价网络技术对人类社会的影响具有重要的理论意义和学术价值。

其次，从人性的角度研究网络社会问题，有利于丰富和发展马克思主义人学理论，促进网络社会中的人性完整与完善。人的存在方式、人的存在形态和人的本质是马克思主义人学研究的核心问题，网络技术的出现，不仅重构了社会政治、经济、文化、社会的发展方式，更重要的是它对人的存在方式产生了巨大的影响，使人的数字化生存与技术性生存成为当今及以后的主要生存方式。马克思主义认为资本异化了劳动，也异化人自身，在科技发达的今天，这种异化出现了新形式——网络技术对人的异化，网络在提升人的生存能力的同时，也导致了人的关系分裂、自我认知分裂和自我精神的分裂,这主要表现在以下几个方面:在网络技术的推动下,人在形式上占有全面的社会关系,但在本质上却加强了人与人、人与社会等关系的边界感,加剧了人与人之间的冷漠、不信任,社会异质性的增强使社会认同较难形成。另外,在技术的推动下,虽然人的创造力得到不断提升,但是人的严重技术依赖和工具依赖钝化人的创新意识和创新能力,从这种意义上说,正确看待网络技术对人的影响至关重要。

再次,从人性的角度研究网络社会问题,有助于我们从"根"上找到网络社会存在的各种问题的症结,实现网络空间的善治。网络社会是现实社会在网络虚拟空间的延伸,凡是在虚拟网络存在的事物,都可以在现实世界找到其对应项;凡是在现实世界找到的对应项,都能从人性上追溯到其产生的根源。网络社会最大的特点在于其具有虚拟现实性和平等交往性,在这种空间里人们可以最大化地做一个真实的自己,最真实的自己第一需要就是满足自身需求,由此产生的需求有善与恶两种不同的价值取向,而这两种不同性质的价值取向会引起不同的社会结果,善的行为目的能够促进个人与网络社会深度融合,网络社会秩序得以维护;恶的行为目的损害网络社会秩序,进而引起现实社会的不良运行。因此,从人性逻辑上寻找网络社会问题的根源,才能更深刻地把握网络社会中的问题,找到最佳的网络治理的方案。

最后,探讨网络与人性的关系,能够更好地规范网络发展,促进人的发展。网络是一个中性的概念,而网络技术的应用却具有两面性的影响。社会的发展归根结底是人的发展,网络技术在促进社会形态向前发展的同时,也会因其功能的完备性而使人越来越异化,或在高度异质性的同时趋向马尔库塞所描述的单向性,从而弱化人的本质力量,因此辨明网络和人的关系变得尤为重要。这是本书研究的意义和价值。

二、相关研究回顾

通过梳理文献我们发现，古往今来学者关于人性理论在政治制度设计、社会秩序、经济理性行为和社会互动等角度进行了大量的研究。在网络成为社会发展的主要技术范式的今天，从互联网角度进行人性研究同样涵盖了这些范围。

(一)既有研究视角

1. 政治学视角下研究人性问题

从政治学研究视角看，古今中外从政治建构角度论述人性的研究成果颇为丰富，且可以追溯到政治发展的源头。中西方多数学者认为，对政治学的研究"必然涉及人性论""人性论是政治哲学理论预设的初始状态的哲学基础"。[①]关于中西方政治建构的人性假设选择，古今中外的学者几乎达成了共识："中国政治学说的人性论基础是统治者性善论，西方政治学说的人性论基础是性恶论。"[②]中西方人性论预设选择的结果，"西方国家崇尚法治与分权制衡，建立民主政治体制"，"中国崇尚德治与集权专制，建立专制制度"。[③]在西方学者看来，制度优于人性是一个共识，无论是古希腊的美德政治，中世纪的神性政治，还是近代的人本主义政治，它们内在的共通性在于

---

① 陈炜：《政治初始状态与近代西方哲学中的人性论思想》，《江西社会科学》，2013年第7期。

② 王元明：《中西政治学说的人性论基础》，《天津师范大学学报》(社会科学版)，2009年第3期。

③ 王彩云：《中西政治旨趣迥异的人性论基础》，《郑州大学学报》(哲学社会科学版)，2004年第4期。

对"人性的根深蒂固的不信任"①，他们要求将人性限制在制度框架之内，这在近代启蒙思想家那里体现得淋漓尽致。如，英国启蒙思想家霍布斯认为，"自私的人们为天性中的竞争、猜疑和虚荣所驱使，为了个人利益而陷入'人对人是狼''人人相互酣战'的普遍的战争状态。为避免这一结果，人们在理性的指导下，通过订立契约组建政府"②。霍布斯的这一看法得到了洛克、卢梭等认同，他们认为"获得自由，取得平等，倡导博爱，保障人权，都只服务于一个目标：争取多多益善的'凡人的幸福'"③。由此看来，正是基于人性自私、人性本恶的判断，西方政治才继承了自由民主这一优秀历史遗产，使民主观念深深植入西方人的灵魂之中。

国内多数学者认为，对中国政治传统有影响的人性论主要有两个派别：一是性善论，它对中国政治影响最为深远。中国两千多年的政治传统是建立在以儒家学派为代表的人性善的基础之上的，先秦至清朝的儒家思想家将人性与专制制度、人性与社会秩序的关系论述得极其深刻，且将儒家的"仁爱"及后来的"理"深入普通大众的日常生活。在以孔孟为代表的性善论者看来，政治的目的是通过教化发掘人民群众心中的"善端"，人之所以恶是因为人的欲望蒙蔽了心灵，失去了本善的自我。因此，只有通过修养自身、向德高望重者学习才能成为圣人，才能在德性上做到尽善尽美，"人皆可以成尧舜"。二是性恶论，典型代表是荀子。荀子认为人生来有好利、疾恶、耳目之欲等恶端，这是引起社会纷争和动乱的根源，必须通过建立严密的礼法制度来约束人性之恶。荀子还认为，人有智能，任何人通过学习礼法和道德修养都能成为圣人，这与性善论强调修身为本、"成为尧舜"的思想的本质是一致的、共通的。总体上讲，中国社会的政治传统建立在人性本善的价值预

① 叶娟丽：《西方政治制度的人性论基础》，《江汉论坛》，2003年第12期。
② 周前程：《人性观：政治哲学的逻辑起点》，《上海行政学院学报》，2008年第2期。
③ 卢风：《启蒙之后》，湖南大学出版社，2003年，第141页。

设上，与西方人性恶价值取向不同，中国古代政治是一条崇尚德治和集权专制之路。

互联网时代背景下，从政治角度研究互联网与人性的关系主要体现在网络对政治权力、政治参与、话语权转移上，主要讨论如何管理公共权力、限制公权力滥用、防止私权被公权侵犯，保障社会个体政治权力的实现。威尔逊认为社会舆论与政治精英管理是一种制约关系："公共舆论对于精英的冒险行为可以起到一个刹车的作用，使政策制定者由于害怕失去大众支持而不去走极端。"[①]而网络技术恰恰为公民的政治参与提供了技术支撑，"网络传媒可以让公众更多地了解世界，同时它也使得公众能够发表自己的观点，聆听、讨论和及时获取决策信息，所以它也是自古希腊雅典的市民辩论会场以来最为卓越的一项发明"[②]。民众的网络政治参与建构了新政治管理体制，打破了传统线性化、科层化管理模式，在一定程度上改变了政治权力话语格局和运行状态。当然，网络这种直接民主也有其固有的劣根性和局限性，曼纽尔·卡斯特在《网络社会的崛起》一书中指出：网络技术要"对政治保持必要的疏远"，因为网络中大量低质量、极端的讨论难以与现实中高效的精英决策相兼容，公共权力与公民权利的互动在一定程度上弱化了公共权力的主导性，个体性与群体性占了优势，"网络大 V"或意见领袖将公共性引导到公共权力主导的相反方向。

2. 经济学视角研究人性问题

国内外学者从经济学角度对人性的研究，主要是从经济人及经济人假设等概念及其缘起进行研究。经济人是西方经济学中的一个主流概念，中西方学者对其看法褒贬不一。主流经济学派赞同经济人、理性人假设，他们

---

① Herbert G. Nicholas, "Building on the Wilsonian Heritage", in Arthur Link, ed. Woodrow Wilson, 1968, p.184.

② Jones .A.H.M, *Athenian Democracy*, Oxford University Press, 1957, p.138.

认为每个人都只关心利益,且"各个人如果自由进行利己活动,其结果会自然而然地增进社会全体的繁荣,其利益比最初以非利己为目的的而进行的活动要大得多"①,即孟德维尔等人提倡的"私恶即公益"的命题,这个命题暗含了将个人利益、集体利益和国家利益结合,虽然在基督教教义伦理还没有退出社会舞台之前,多数人认为这是奇谈怪论,但经亚当·斯密的"无形的手",用"道德人性"和"必要约束规范"规范经济人性的宣扬,经济人假设才逐渐被社会主流经济学者接受,成为现代经济学的"硬核"。

对经济人性论冲击比较严重的是人本主义和马克思主义。人本主义学派对主流经济学派的经济理论进行了彻底的批判,他们认为社会发展应该遵循社会法则,应以人的需要衡量社会,社会应关注人的发展和需要,而不是过分地追求金钱和财富。马克思主义也批判资本主义单一、片面的经济人性,但是他并不否认人的经济属性的客观性,应该合理地吸收经济人性中的科学成分,提出人类社会发展的目标是促进"人的自由发展"②。

国内学者对经济人性的研究因角度不同,观点也不同,总体讲主要存在三派:完全赞同派,以香港大学张五常教授为代表,经常用自私人假设来分析中国的经济改革和发展;彻底批判否定派,以中国社会科学院程恩富和湖北社科院陈孝兵为代表,认为单一经济人性与中国现实不符,不能一般化到中国的经济生活当中;批判吸收派,以武汉大学曾启贤教授为代表,追随的人数较多,认为不能全盘否定经济人性,只要对经济人性加以必要限制,完全可以为社会主义市场经济发展服务。

互联网时代从经济学视角上的人性研究不丰富也不系统,研究成果微乎其微,但从大量关于互联网经济结构转型和网络经济交往的研究成果看,

---

① 朱富强:《经济人行为是私恶还是公益:西方社会的人性观溯源》,《改革与战略》,2011年第9期。

② 《马克思恩格斯选集》(第一卷),人民出版社,2012年,第422页。

互联网时代关于经济人假设基本没有跳脱传统经济学的人性假设的基本理论框架，而是为其增添了新的内容。通过梳理、总结文献发现，互联网时代从经济角度研究的人性，基本肯定了网络经济中个体与社会的经济理性人的假设，即在网络社会中，人是自身利益的追求者，人出于利益最大化的考量，自动增进公共利益，因而兼具经济理性和道德理性。同时，在互联网经济交往中，人的逐利性与网络技术的工具性内在统一，人通过网络技术获得利益进而进行资本扩张，不断地进行经济交往，从而不断地被裹挟到由资本建构的新的经济关系和社会关系当中，因而在互联网经济中，人受到资本逻辑和网络技术逻辑规训和操纵，从而改变人的思维方式和劳动方式，经济关系范畴延伸为"网络技术与资本的合谋"[1]，引发整个经济社会发生变化。

3. 社会学视角研究人性问题

社会学主要从人性的概念、人与社会互动等角度进行研究。张岱年在《中国哲学大纲》中就人性究竟是什么的问题指出，人性包括三重属性：一是"人生而固有的"，揭示的是人之本性甚至本能的意义；二是"人之所以为人者"，强调人与动物的区别；三是"人生之究竟根据"，揭示人生存在的意义。[2]张岱年对人性的概括在一定程度上反映了社会学界对人性的基本认识——人性是自然属性（本能）、社会属性（社会互动）的集合体。本能是人和动物共有的属性，即任何动物的自我保存属性，它不反映人与人之间的社会关系，仅仅反映的是独立个体的需要，是动物仅有的属性，此时的人性"犹湍水也，决诸东方则东流，决诸西方则西流"[3]，不分善与不善。而人的行为

---

① 冯旺舟、靳晓斌《超越网络技术与资本的合谋》，《广西社会科学》，2018年第1期。

② 朱富强：《社会互动中的人性塑造——重新审视经济学中的自利假设》，《改革与战略》，2010年第7期。

③ 万丽华、蓝旭译注：《孟子》，中华书局，2016年，第240页。

是超出本能属性的,它处于社会关系之中,其本性在社会互动中产生也是社会互动的结果。国外的社会学者认为,人和社会是在相互作用中彼此成就。乔根森·特纳描述了社会互动的制度化过程,行动者——互动情景——在文化模式影响下,行动者需求倾向及其变化——规范产生——借助规范行动者行动取向的调整——规范对气候的互动再调节……这样,在个体与整体不断地互动下,个体的社会属性不断增强,社会形成相应的系统,社会文化实现变迁。由此可以看出,社会规范和"文化是人性形成和发展的重要,它们能够制约住人类天生的本能和内驱力"①。除了社会规范和文化,环境和教育对人性的发展有重要的作用,空想社会主义者欧文认为,人的本性和人格是由环境造成的,不存在天生的坏人和恶人;霍尔巴赫认为,人类是邪恶的,但并非生来邪恶,而是环境使然;卢梭认为,人的基本特征是在于其可改造性及可完善性。

从社会学视角看,互联网时代的人性研究主要体现在虚拟社会中的社会交往行为、交往内容、交往特点等方面,学者在这一领域的研究成果颇为丰富,并形成了社会学的新领域——网络社会学。学界对网络社会学的研究从"赛博社会""网络社会""信息社会"等理论概念开始,试图通过现象揭示和未来预测阐明网络社会的实质。网络快速发展时期,西方学者从传统社会学角度重新审视互联网背景下的社会主要议题,如涂尔干——功能主义从有机团结理论解释了互联网对社区和社会资本的影响,韦伯主义传统从理性化角度,论述互联网的超时空性引起的"区隔"身份地位的新变化,哈贝马斯等人则考察了互联网对政治实践的影响,曼纽尔·卡斯特和尼葛洛庞帝则明确指出了网络社会形态和人的数字化生存。中国学者对网络社会的研究侧重于社会转型期网络技术对社会及社会秩序的整体建构及网络社会

---

① 朱富强:《社会互动中的人性塑造——重新审视经济学中的自利假设》,《改革与战略》,2010年第7期。

各种问题,包括互联网对社会结构的建构、对身体不在场的社会互动方式及思维方式的建构,网络社会中出现的网络秩序失序、网络道德缺失、网络治理制度、网络安全、网络民粹主义等社会问题以及其与现实社会生活的交互影响。

4. 哲学视角研究人性问题

西方哲学从起源起就带有强烈的人性特征。古希腊罗马时期的哲学家从普拉泰戈拉提出的"人是万物的尺度"[1],就把人置于认识世界的开端,苏格拉底将以"人应当知道自己无知"[2]为命题将理性人性和神性结合,以期达到"至善"。柏拉图继承了苏格拉底的"灵魂说",认为灵魂除了具有理性外还有激情和欲望,理性居于主导地位,激情和欲望服从理性,三者各司其职,人才能有德性,生活才能幸福,国家才能和谐。[3]亚里士多德认为,至善是行为的真正目的,人的善就是灵魂符合德性的实现,城邦是一切共同体为了达到某种善而结合起来的,所以共同体的目的在于达到某种善。[4]

与古希腊哲学中人性居于主导地位不同,中世纪基督教哲学则完全压制人性,论证基督教神性是绝对性,典型代表是奥古斯丁提出的"原罪性恶论"。奥古斯丁认为每个人都有人类始祖的原罪,因而人的本性是邪恶的,且不能拯救自己,必须通过教会得到上帝的"恩典"才能得救。随着神性社会的形成,禁欲主义流行,社会伦理道德严格执行基督教教义,人和人性长期处于从属地位。文艺复兴后,笛卡尔以"我思故我在"的哲学命题,打破了人性长期受压迫的局面,标志着主体研究在神教哲学上的松动,西方理性主义进入了新的发展阶段。17、18世纪理性主义成为欧洲大陆强大的哲学思

---

① 罗国杰:《人道主义思想论库》,华夏出版社,1993年,第353页。
② 罗国杰:《人道主义思想论库》,华夏出版社,1993年,第354页。
③ 罗国杰:《人道主义思想论库》,华夏出版社,1993年,第354页。
④ 罗国杰:《人道主义思想论库》,华夏出版社,1993年,第354页。

潮,以休谟为代表的资产阶级哲学家明确将人类的理性和知识作为人的本性进行考察,认为人性科学是其他科学的基础。[①]文艺复兴后,人本哲学有了一定的发展,但是主流哲学家们仍然坚持上帝的绝对性和实在性,在康德的先验论哲学和黑格尔的绝对精神的阐述下,理性主义得到进一步的发展。康德哲学的核心思想——实践理性的假定:意志自由、灵魂不朽——充满了人性和以人为本的人本主义思想,他通过对理性的批判,实现了人性、理性和神性的完美结合,即人性是神性的基础,神性是人性本身的目的保障。黑格尔通过强调思维的客观性和能动性,肯定人的主观活动,但这种主观活动是"绝对精神""绝对理念"的活动,"绝对精神"独立于宇宙之外,万物是它的外在表现。黑格尔之后的哲学家开始批判传统的人神观念,尼采打出了"上帝之死"的旗号,强调人的现实生活的真实性以及人的意志力和创造力,但是他在否认上帝和最高实体的同时,又提出了"超人"的理念,实际上,这是一个全新的绝对者。海德格尔则从哲学上对人的根基进行了深入的探讨,在他的哲学体系中,人的重要性是不言而喻的,他不赞同传统哲学将人分为肉体和精神的二元论,而是从本体论上肯定认识特殊的"Daserin"(此在),即"人在世中",也就是说,人生在开始之时人就与万事万物打交道,以此发展其各种存在的可能性,人与世界是一体的,人与他人"共在"。当然,与马克思的"实践的人"相比,海德格尔的人仍旧是抽象、空洞并缺乏真实性的人。马克思从唯物史观出发,将人的发展深深植于社会存在——生产力与生产关系矛盾运动当中,揭示了"人的本质不是单个人所固有的抽象物,在其现实性上,它是一切社会关系的总和"[②],将人和人性置于现实社会之中,指出未来社会是"自由人的联合体"[③],未来社会的人是"自由而全面发展的人"。

---

① [英]休谟:《人性论》(上),关文运译,商务印书馆,1982年,第2页。
② 《马克思恩格斯选集》(第一卷),人民出版社,2012年,第135页。
③ 《马克思恩格斯选集》(第一卷),人民出版社,2012年,第127页。

互联网时代从哲学视角上对人性研究主要体现在对虚拟生存变迁、主体性认同与主体性缺失、网络理性与非理性、网络个体异化等方面的探讨。贾英健在《虚拟生存论》从哲学的高度阐述了虚拟生存与人性、人的主体性以及人的自由个性等人的虚拟生存及意义，深入分析了网络时代下人类虚拟生存的变革，概括了人的虚拟生存的本质、特征以及虚拟生存与现实生存的相互塑造，并将虚拟主体性分为个体虚拟生存、群体虚拟生存以及类虚拟生存三种形态，指出三种形态的虚拟认同及其困境以及虚拟技术对现实人性的影响。其他学者及其著作，如金枝的《虚拟生存》、张怡等著的《虚拟认识论》等则从技术思考网络时代人的虚拟生存的群里结构、性别压制和心理分析，强调网络伦理规范的重要性，或从现实存在的角度以回归现实的逻辑思维方式，论证虚拟实在和生存问题，指出了技术一旦失去了人性的关怀，就会走上生存的反面。

（二）既有研究的主要内容

上述内容主要展示了既有研究的主要视角与问题切入点。在具体问题的研究中，与人性、人类本性和网络空间的人类本性相关的研究主要集中于以下几个方面：

1. 现实人性理论的研究

国内外学者对人性问题的研究历史悠久，且形成了众多理论成果，成果主要集中讨论在什么是人性、人性的属性（特性）、性善与性恶等问题，下面就这几个方面进行文献梳理。

（1）国外关于人性理论的研究状况

纵观西方学术发展史，以"人性论"命名的著作较少，英国学者休谟在《人性论》、美国学者查尔斯·霍顿·库利在《人类本性与社会秩序》、马尔库塞在《单向度的人》、弗朗西斯·福山的《大分裂：人类本性与社会秩序的重建》

与《历史的终结与最后的人》，德国学者恩斯特·卡西尔的《人论》等人及其代表作也对人性及人类本性进行了探讨。探讨的主题围绕"人的特有属性""人性的具体性""人性的生物性与社会性""人性的可变性"来进行。

关于人的特有属性的研究。"人"与"动物"之间有诸多差别，对于这些差别和不同属性学界见仁见智，学者们比较一致地认为，造成人与动物之间种差的根本原因是人能够制造并使用工具进行劳动，人能用抽象语言进行思维。如卡西尔肯定人的理性思维能力，在他看来，"尽管现代非理性主义做出了一切努力，但是人是理性的动物这个定义并没有失去他的力量，理性能力确实是一切人类活动的固有特性"①。但卡西尔认为理性并不是不能构成人之所以成为人的全部内涵，他主张用"符号"范畴代替理性，"对于理解人类文化生活形式的丰富性和多样性，理性是个并不充分的名称。但是所有这些文化形式都是符号形式。因此我们应当把人定义为符号的动物来取代把人定义为理性动物，只有这样，我们才能指明人的独特之处，也才能理解对人开放的心路——通向文化之路"②。同样，美国伦理学家麦金太尔也赞同人的本质理性说，他认为"人与植物和其他种类的东西共有汲取营养和发育的能力，与动物共有感觉和意识的能力，但是唯有理性才是人类所独有的。因此，人类所特有的活动就在于运用理性，人类所有卓越之处就在于正确而熟练地运用理性"③。

关于人性的具体性研究。多数学者认为，人性既是具体的，也是抽象的，具体性在于它的丰富性和特殊性，而抽象性则在于它的共同性。首先，具体性表现为遗传品质的多样性。美国人本主义者马斯洛认为："并不存在

①　[德]恩斯特·卡西尔：《人论》，甘阳译，上海译文出版社，2004年，第36页。
②　[德]恩斯特·卡西尔：《人论》，甘阳译，上海译文出版社，2004年，第36页。
③　[美]阿拉斯代尔·麦金太尔：《伦理学简史》，龚群译，商务印书馆，2003年，第99页。

对所有人都完全一样的遗传特性""遗传品质是极其多样性的"①,遗传为人性的具体性和多样性提供了自然生理基础。其次,具体性表现为人的动机的善恶性质,掘地派领袖在论证法律的必要性时说:"由于人类的精神多种多样:有人聪明,有人愚笨;有人懒惰,有人勤勉;有人轻率,有人萎靡;有人善良,有人慷慨;有人嫉妒、吝啬……由于这个原因,才补充制定了一项法律。"②再次,具体性表现为民族与文化的差异性,"在不同的文化中,人们对欲望和情感的认识是不同的,因此,不存在任何单一不变的人类心理学"。③最后,具体性表现为由于人格的差异性导致的动机的影响的不同性。叔本华认为,人的性格具有个体性,种属性格是所有人的基础性格,人的基本特点有一定程度上的差别,同一动机对人的作用是完全不同的。

关于人性的生物性与社会性研究。趋乐避苦、思饱思暖、好利好味是人与动物的相同或相似的特征,霍布斯将这种生物特性归结为本能,他认为人有先天的欲望即本能和后天的经验实践所得的欲望。弗洛伊德认为本能是从心理上的源源不断的内在刺激,而欲望则来自外部的、单独的兴奋,他把本能分为"性本能"和"自我本能"。苏联学者彼得罗夫斯基认为,大多数脊椎动物都有养育后代的本能,以及性本能、食物本能和防御本能。美国人本主义学者马斯洛提出了"似本能"概念,将人的需求分为基本需求和特殊需求,"基本需求是全人类共有的,是由体制或遗传决定的,具有似本能的性质;特殊需求则是在不同的社会文化条件下形成的各自不同的需要,如服饰、嗜好等"④。从上可知,人的这些生物本能的本质是利己性,卢梭在《社会

---

① ［美］马斯洛:《马斯洛人本哲学》,成明编译,九州出版社,2003年,第82页。
② ［英］温斯坦莱:《温斯坦莱文选》,任国栋译,商务印书馆,1965年,第128页。
③ ［美］阿拉斯代尔·麦金太尔:《谁之正义? 何种合理性》,万俊人、吴海针等译,当代中国出版社,1996年,第108页。
④ ［美］马斯洛:《马斯洛人本哲学》,成明编译,九州出版社,2003年,第187页。

契约论》中指出："人性的首要法则，是要维护自身的生存，人性的首要关怀，是对于其自身所应有的关怀。"①人性还有社会属性，人的本性只有在社会互动中才能形成与表现。亚里士多德认为"人类天生就注入了社会本能"②；休谟指出："在不掠捕其他动物而且不受凶猛情感刺激的一切动物中，都有一种显著的合群的欲望，使他们聚集在一起，而他们并不想在这种合群中占到任何利益。"③康德也认为："人具有一种要使自己社会化的倾向；因为他要在这样的一种状态下才能感到自己不止于自己而已，也就是说才感到他的自然禀赋得到了发展。"④

关于人性的可变性研究。黑格尔认为人的许多基本特性并不是固有的，人可以任意地创造自己的本性，人类本性会因历史的变化和文化的不同发生变化。查尔斯·霍顿·库利认为，"人性"是可变的，"人类本性是最容易变化的，因为导致行为的本性，随着外部影响的变化而在道德或者其他意义上都是变化的。现在是自私、无能、好斗和保守的本性，几年之后在另一个环境中可以变成慷慨、有为、温和和进步的本性；一切取决于本性是如何被唤醒和运用的"⑤。

（2）国内对人性的研究

中国近现代学者在继承中国传统人性观的基础上，结合马克思主义人性理论和西方人性理论，对人的本性进一步研究，推进了人性论的发展。陈志尚在其著作《人学原理》中阐明了其人性理论。他认为人性即人的特性，

---

① ［法］卢梭：《社会契约论》，何兆武译，商务印书馆，2003年，第5页。
② ［古希腊］亚里士多德：《政治学》，颜一、秦典华译，中国人民大学出版社，2003年，第5页。
③ ［英］休谟：《人性论》（下），关文运译，商务印书馆，1980年，第400、401页。
④ ［德］康德：《历史理性批判文集》，何兆武译，商务印书馆，1990年，第6页。
⑤ ［德］查尔斯·霍顿·库利：《人类本性与社会秩序》，包凡一、王源译，华夏出版社，1999年，第25页。

是指人之所以为人，区别于一切动物而为人所特有的，也是一切人所普遍具有的各种属性的综合。他认为人性是一个客观实在的复杂物质运动系统，包括人的属性、人的特性和人的本质三个层次，其中，人的属性是人性的第一层次，包括组成人的一切属性——各种自然属性和社会属性；人的特性是人性的第二层次，是人的属性中能把社会的人和动物区分开来的各种特征；人的本质是人性的第三个层次，是人的各种特性中最重要的部分，即人的社会实践。他指出，人的自然属性是基础性要素，人的社会属性是占主导地位的要素，人的自然属性早已超越动物的本能水平，经过长期的劳动实践和社会生活已经改变、发展成为人的社会需要和社会实践，成为包含于、从属于人的社会属性。①

王海明在其《人性论》著作中认为，中西方伦理学都有包含利他主义、利己主义和个人主义在内的人性理论体系，体系较为完整，但缺乏专门的著作，休谟虽有一本《人性论》专著，但只有第一章"论爱与恨"论述的是人性，其余皆是哲学、认识论、伦理学的理论。王海明认为，人性是人生而固有的普遍本性，它一方面包括生而固有的自然属性，另一方面包括生而固有的社会本性。人性的质之有无是人的"体"，人性的量的多少是人性的"用"，人性是一成不变的"体"和变化多端的"用"组成。②

相较于以上两位学者关于人性的哲学、伦理学的解释，黎鸣在《问人性：东西文化500年的比较》中从文化学的视角对东西方文化背景下的人性提出了全新的理解，架构了一套全新的理论。黎鸣认为，人性是由人类的原欲（食欲、性欲、知欲）和原恶（任性、懒惰、嫉妒）以及社会生活中人类的元精神

①　陈志尚：《人学原理》，北京出版社，2005年，第92页。
②　王海明：《人性论》，商务印书馆，2005年，第9~20页。

(信仰精神、求知精神、爱的精神)组成①,官场、市场、情场是人性活动的基本空间,是人类本性的欲求、身体和实践、精神创造的全部内容。官场是人类追求权力的场所,其内在精神是维护人类群体步调力量的统一,其理性在于公正、正义,维护全体社会成员的安全,非理性在于损人利己、假公济私、以权谋私。市场是人类追求利益的场所,是人在与人、自然、社会交换物质、能量、信息时获得生存的场所,市场的内在的理性精神是自由、诚信、合理利己以增进整体互利,非理性精神是唯利是图、狡诈取巧、坑蒙拐骗。情场是人类追求情感的场所,主要包括对自然敬畏而产生的宗教信仰情感,亲近自然与社会、追求科学知识的情感,与社会生活中的人与人接触而产生的情感渴望。

表 0-1 黎鸣人性理论系统

类型		人性任性原恶	人性懒惰原恶	人性嫉妒原恶	典型社会
典型官场人格	阳性	权力至上	言行分裂	思想压抑、嫉妒	官场化社会
	阴性	忍从、奴性	轻信、迷信	封闭、消极、保守	
典型市场人格	因性	金钱至上	真实效益至上	自由至上	市场化社会
	果性	享乐主义	科学主义	个人中心主义	
典型情场人格	主观性	求真至上	求善至上	求美至上	情场化社会
	客观性	全息、有序	勤奋、体验	闲暇、自由、创造	

2. 网络社会学意义上的人性研究

国外的学者从互联网诞生之日起就进行了大量而深刻的研究,主要的研究成果包括尼葛洛庞帝的《数字化生存》、曼纽尔·卡斯特的《网络社会的

---

① 黎鸣:《问人性:东西文化500年的比较》,生活·读书·新知三联书店,2011年,第5页。

崛起》、比尔·盖茨的《未来之路》、埃瑟·戴森的《2.0版：数字化时代的生活设计》、唐·泰普斯科特的《数字化成长——网络时代的崛起》、马克·波斯特的《信息方式：后结构主义与社会语境》、桑斯坦的《网络共和国》、帕特·华莱士的《互联网心理学》等。随着国外著作的翻译进入中国，国内学者对互联网时代也进行了广泛且深刻的研究，形成了一系列具有开创性的研究成果，如郭玉锦、王欢的《网络社会学》，黄少华的《网络社会学的基本议题》，贾英健的《虚拟生存论》，金枝的《虚拟生存》，刘少杰主编的《中国网络社会研究报告》系列，吴满意的《网络人际互动》，王建民的《网络化时代的个人与社会》，陈曦的《网络社会匿名性与实名性问题研究》，郑雯、桂勇和黄荣贵合编的《寻找网络民意——网络社会心态研究》，何哲的《网络社会时代的挑战、适应与治理转型》等从网络社会学科建设、网络社会变迁、网络社会心态、网络社会问题、网络社会交往、网络社会发展动态等角度研究网络社会。

从上述研究主题及研究状况看，当前学术界从人性角度研究网络社会的不多，且通过在中国知网进行关键字、主题词"网络人性""网络社会""人性"交叉检索，可获得的研究资料也不丰富。这表明，虽然网络技术发展带来大量人性现象，但学者们还未将这些现象上升到理性认识，可以说还处于感性认识阶段。

（1）人性场域变迁——超越现实生存的人的虚拟生存

人性的实现总是在一定的场景中进行，对于互联网时代人性的考察，首要进行的是对人生存的场景的考察。自网络技术普遍运用到现实生活起，人的生活场景不仅限制在现实空间中，更是延伸到了虚拟空间。对于这种虚拟空间，曼纽尔·卡斯特和尼葛洛庞帝进行了详细的描述，卡斯特认为网络沟通系统彻底转变了人类生活的基本向度——流动空间转化地方空间，人的现实空间和实践重新整合到网络或者意象的拼贴当中，①流动空间与无时间之时间是网络文化的物质基础，人类生活的城市成为信息化城市，工作、学校、医疗、消费、娱乐、商业、购物等空间模式，成为流动的交换网络化实在。卡斯特描绘的这种流动空间即网络社会的虚拟空间。同样，尼葛洛庞帝从技术的角度描绘了虚拟空间和数字化生存的到来，并对这种数字化生存进行了非常乐观的预测。尼葛洛庞帝认为，比特数据构成了全新世界——比特世界，在这个世界提供了比电视媒体更强大的信息传播，以"超文本""超媒体""游戏性"的电子数据交流式的"人—机—人"交互给人以身临其境的虚拟体验，尼葛洛庞帝将这种人机体验形象地比喻为老练的英国管家，②它可以为人提供个性化、全息式服务，能够洞察人的需求，实现人机完美融合。对于卡斯特和尼葛洛庞帝对数字化生存的乐观预测，在现实生活中确实很大一部分已经实现，但是随着对网络以更加理性的审视，网络的虚拟性特点在社会生活中带给人和社会的影响逐渐减少，而其对工具性的认识更加清晰和理性，也就是网络技术带来的虚拟生存感越来越回归现实性，实现了虚拟生存与现实生存的深度融合。

国内学者对人的现实生存与虚拟生存进行了大量研究。对于虚拟生存的含义，国内学者们的观点虽不尽一致，但在本质上较为统一，认为虚拟生存是通过数字化方式——数字化信息、数字化语言、数字化行为构成的虚拟世界，这种虚拟空间没有时空边界、没有身份、家庭和阶层等社会背景，人性在此空间获得了巨大的张扬。③对于网络空间的虚拟性特征，多数学者赞同

①　[美]曼纽尔·卡斯特：《网络社会的崛起》，夏铸九、王志弘等译，社会科学文献出版社，2001年，第465页。

②　[美]尼古拉·尼葛洛庞帝：《数字化生存》，胡泳、范海燕译，电子工业出版社，2017年，第147页。

③　黄健、王东莉：《数字化生存与人文操守》，《自然辩证法研究》，2001年第10期。

虚拟生存的虚拟性、实践性、群体性和现实性,如刘少杰认为,在网络社会大规模崛起的历史条件下,网络空间虽然在本质上是观念空间,但它已经具备了非常明显的现实性、实践性和群体性特征。①对于人在虚拟空间生存的基本特征,姚登权总结了两方面的基本特征,一是人在虚拟空间的非直接的符号性互动,符号不仅是交流的媒介,人自身也化为了符号;二是数字化生存的平等性、开放性和去标签化,使人的个性得到充分展现。②对于网络虚拟生存与现实生存的关系,贾英健认为,从本质上说,虚拟生存是对现实生存的虚拟性超越,是对现实生存的延伸和提升,虚拟生存与现实生存一起共同构成了人的生活世界,二者相互交织、融合、互动孕育了不同以往社会的新型的人类生存方式和人类文明。③对虚拟生存中人的发展与社会秩序之间的关系,葛秋萍、殷正坤认为,网络虚拟技术的出现正在以前所未有的方式和力度将人抛离现有可知的生活秩序,信息技术革命掀起的浪潮,凶猛地冲击着传统生活的基石,"信息作为最重要的资产特征成为不同组织和个人争夺积累的对象,呈现愈演愈烈之势,形成了个人自由与社会秩序之间此消彼长的冲突"④。

(2)网络虚拟生存对人性的作用与影响

在《网络社会崛起》中,曼纽尔·卡斯特从文化变迁的角度阐述了网络技术与人的心灵之间的关系,他引用技术史学家布鲁斯·马兹利的观点指出:"认识到人类的生物演化,现在最好是从文化的角度理解,迫使我们人类意

---

① 刘少杰:《网络空间的现实性、实践性与群体性》,《学习与探索》,2017年第2期。
② 姚登权:《论工具改变交往——数字化生存的异化作用》,《湖南师范大学社会科学学报》,2011年第6期。
③ 贾英健:《当代技术革命与人类生存方式的变革——虚拟生存的出场逻辑及其对现实生存的虚拟性超越》,《中共浙江省委党校学报》,2010年第1期。
④ 葛秋萍、殷正坤:《信息时代数字化生存的思考》,《科技进步与对策》,2001年第5期。

识到工具和机器与人类本性的演化密不可分。"①他认为，网络机器作用的基础是人类的心灵，由于网络主体的多重性与网络的多元化造就了非统一性的新文化，而新文化的多元价值、文化的组成，则是"穿越了参与网络的各种成员的心灵"②，并随着网络成员的步调而不断变化。尼葛洛庞帝在兴致冲冲地介绍电脑与网络技术对未来社会的积极作用的同时，他也指出了"每一种技术或者科学的馈赠都有其黑暗面。数字化生存也不例外"③，"未来10年中，我们将会看到知识产权的破坏，隐私权也会受到侵犯。我们会亲身体验到数字化生存造成的文化破坏，以及软件盗版和数据窃取等现象。最糟糕的是，我们目睹全自动化系统剥夺了许多人的工作机会"④。美国学者马克·斯劳卡则更直接揭示了网络技术对人类本性的破坏性，他指出："在这个杂糅的世界，每一种潜在的社会价值都变成了他自己的阴暗面；自由，成了种种恶习和折磨他人的自由；匿名成了肆无忌惮的色情电话的匿名；而脱离物质躯体的解放，成了折磨他人虚拟躯体的邀请函。当真实世界用各种检查制度和权衡措施把住邪恶之门时，人性中的所有恶魔，却在极短时间内跳到赛博空间里重新开张。显然，网络设计者们忽视了一个简单的事实：自由仅仅生存于某种限制之内，道德仅仅在现实世界中才有意义。"⑤

国内学者同样对网络技术发展所引发的人文变化进行了深入的研究，

①　转引自［美］曼纽尔·卡斯特：《网络社会的崛起》，夏铸九、王志弘等译，社会科学文献出版社，2001年，第87页。

②　［美］曼纽尔·卡斯特：《网络社会的崛起》，夏铸九、王志弘等译，社会科学文献出版社，2001年，第87页。

③　［美］尼古拉·尼葛洛庞帝：《数字化生存》，胡泳、范海燕译，电子工业出版社，2017年，第267页。

④　［美］尼古拉·尼葛洛庞帝：《数字化生存》，胡泳、范海燕译，电子工业出版社，2017年，第228页。

⑤　［美］马克·斯劳卡：《大冲突——赛博空间和高科技对现实的威胁》，黄培坚译，江西教育出版社，1999年，第71页。

并得出了两个结论：一是网络技术的发展不仅重构了人的生存环境，也提升了人追求更高生活的能力，扩张了人的本质能力。廖建国认为，比现实空间更逼真的虚拟网络使人的精神扩张，让人的感性生命顺其自然地得到发展。①王淑梅认为虚拟实在中知识的民主化最大化地提升了主体认识世界和改造世界的能力。虚拟现实中交往的自由化最大化培育和发展了主体的自由精神。②李青认为，虚拟生存促进了人的想象力、创造力的充分拓展，促进了人的社会关系的无限扩张，促进人的生产劳动的自由发挥。③二是虚拟技术的延伸，不只是人的快乐的延伸，也是人性丑恶的拓展，网络技术的阴暗面可能最终导致人的高度异化，网络技术可能奴役人类。如曾慧、黄红生认为，虚拟技术并不是像中立主义者所认为的那样是中性的，而是负荷着善和恶、美与丑等人性或人道价值。④姚登权认为，网络虚拟空间使"人与人之间的情感交流越来越困难，人的内心越来越孤独"⑤。郭娟娟、郑永廷认为，信息技术条件下网络迷失性障碍致使人的自主性弱化，网络依赖性障碍致使人的独立性弱化，网络的复制性障碍致使人的创造力弱化，网络沟通性障碍致使人的现实性弱化。⑥李青认为，网络技术给人的心理和意志带来困扰，使人沉迷于虚拟生活不可自拔，且虚拟生存对传统的道德伦理提出了极

---

① 廖建国：《论网络虚拟的价值》，《西南民族大学学报》（人文社会科学版），2011年第5期。

② 王淑梅：《从人的生存发展看网络虚拟实在》，《学术论坛》，2007年第7期。

③ 李青：《虚拟生存何以面对——兼谈马克思关于人的生存方式思考的当代价值》，《东岳论丛》，2010年第3期。

④ 曾慧、黄红生：《虚拟技术的人学审视》，《求索》，2010年第10期。

⑤ 姚登权：《论工具改变交往——数字化生存的异化作用》，《湖南师范大学社会科学学报》，2011年第6期。

⑥ 郭娟娟、郑永廷：《论信息技术条件下人的全面发展》，《学校党建与思想教育》，2009年第26期。

大的挑战。[①]

(三)既有研究的不足之处

在对人性的既有研究中,尽管研究的成果较多,但是从网络的角度研究人性的研究成果非常少,既有的研究中也只是从技术与人性的角度进行研究,呈现出如下特点:

1. 研究呈现散、杂、不深刻、不系统的特点

从既有的研究成果来看,对网络和人性的相互关系以及相互影响的研究不够全面和深刻,缺乏系统性。从网络的角度研究人性或者从人性的角度研究网络的研究还处于起步阶段,且并没有直接或从正面研究网络与人性的问题,而且随着网络社会的发展,网络与人性的关系更加复杂,研究困难性较大。此外,笔者通过梳理文献发现,关于网络和人性的研究一直处于分离的状态,两个主题的研究鲜有交集,至今没有关于专门以"网络与人性关系"命名的专著,只有零星的探讨网络社会中人性问题的期刊文章。

2. 研究侧重于现象研究,缺乏严谨的学理探讨

从少量关于网络人性的研究成果来看,当前学者侧重于从道德滑坡、社会冷漠、主体性丧失等社会现象、人性现象进行研究,而没有从学理上辩证地认识和分析网络技术对人类本性的双面性影响:一方面,对网络促进人性的发展的研究浮于表面,稍显轻描淡写,没有真正认识到网络技术在促进内在精神的丰富与完善、物质性的便利满足以及真正提升人的能力的作用;另一方面,对于网络阻碍人性发展方面也只是就现象论现象,没有深入和深刻的研究,而且对于怎样应对网络空间中的人性异化的问题没有寻求出较好

---

① 李青:《虚拟生存何以面对——兼谈马克思关于人的生存方式思考的当代价值》,《东岳论丛》,2010年第3期。

的、实用性强的路径。很显然，这只是对网络与人性关系研究的"量的积累"，难以达到"质"的飞跃。

3. 研究方法较为单一，缺乏定性与侧重于现实视角，缺乏历史维度

现有研究中，研究成果缺乏数据支撑，而是列举星星点点的网络人性现象，这说明，当前关于网络社会中的人性现象研究，除了研究浮于表面以外，只是论述了网络人性中的"实然状态"，而并未以相应的数据、调查相佐证。这就产生了研究"抽象性"与"准确性"之间的矛盾，这也是本书进行定性与定量研究的重要意义所在。

三、主要概念的界定

（一）人性

古往今来的学者对什么是人性没有形成统一的认识，概括起来主要有以下三种观点：

第一，本性说（人性一元论），即将人性解释为人的本性，即人的动物性、人的本能。多数西方的思想家持有这种观点，代表人物是古希腊学者和近代资产阶级思想家霍布斯。他们从人的自然本性出发，将人的生理需求和生理机能当成人性，认为人是自私自利的，趋利避害是人的基本属性，感性的快乐和幸福是人生追求的目标。人性一元论的多数学者基于不同的人性善恶标准，建构自己的社会政治制度和社会秩序。

第二，人性二重属性说（人性二元论），即将人性解释为人的自然属性和社会属性。持这种观点的学者比较多，他们在批判一元本性论的基础上，将人的本性概括为人的本能和人的社会互动性，他们认为，人作为动物具有动物的属性，如荀子所说的"夫目好色、耳好声，口好味，心好利，骨体肤理好愉佚，是皆生于人之情性者"。他们认为本能仅仅反映了独立个体的需要，不涉及社会关系,而人超越动物的本能,受到社会对其影响,这也是人性的内涵。因此,这种人性观点暗含了人性是变化发展的,是在一定的社会制度和历史条件下形成的,是后天教育可以完善的,这种观点多为社会学、经济学学者的观点。

第三,人性三重属性说(人性三元论),即将人性解释为人是自然属性、社会属性和精神属性的有机体。国内的学者持这种观点的人较多,理论根据是马克思主义关于人的学说。综合国内学者关于马克思的人性观的论述,我们大致得出以下认识:首先,马克思反对费尔巴哈式的抽象地认识人性,主张人性是具体的、现实的,具有社会历史性,要从人的社会关系和物质生活条件去考察人。其次,马克思指出人具有自然和社会二重性,人的自然属性即人作为自然存在物受到自然规律的支配,人为了实现自己的自然力和满足自己的肉体需求,需要通过社会分工和交往关系建立起自己所需的物质生产方式,这是人的自然属性;人之所以为人的根本,在于其"类"本质,"类存在物"是人通过自己的生命活动表现和确证自己的本质力量。最后,与动物不同,人的生命活动是有意识的自由自觉的活动,通过革命性创造,人呈现出自在性、自主性与创造性等特点,人除了与社会交往外,向内还有与自己交往,自我完善的属性。

本书主要采用马克思主义关于人性的三分说,论文中关于人性的三个结构指的是人性的自然属性、社会属性和精神属性。

(二)实现

根据《新华字典》的基本释义,"实现"是指"成为事实",相对应的英语含义是"to come true"或"come true"。汉典的解释是指事件或者状态的发生,从哲学意义上讲,"实现"是实现哲学的基础,指成为现实。在《汉典》的解释中,"实现"有两个引证的解释:一是指"成为事实",二是指"使成为现实"。

追溯"实现"的哲学渊源，马克思通过对"消灭哲学"和"实现哲学"的论证，对"实现"的过程进行了一定的描述。他在《〈黑格尔法哲学批判〉导言》中使用了"实现"一词，原文为"一句话，你们不在现实中实现哲学，就不能消灭哲学"①。抛却马克思关于"消灭哲学"的深层哲学意蕴，但从"在现实中实现"这一短语中看出，实现是从现实出发的，是现实的实践中创造出"哲学"的过程。因此，在这里，"实现"就暗含了"场域""实践"和"现实"三个逻辑关系，即在一定的场域，通过实践，变为现实。因此，从马克思的描述看，"实现"一词是指通过实践，事物或事务成为事实或现实的状态或过程。

本书中的主要概念——人性的实现是指个体的本质力量的解放、自由个性的发挥、人格的倾向性的完整发展、人的创造性的发展以及符合人类本性的其他品质在现实生活和现实社会的体现。

（三）异化

"异化"是一个外来语，从词源上考证，来自拉丁语 alienatio，德语是 Ent-fremdung，英语是 alienation。拉丁语的"异化"意源于神学和哲学，其有两层含义：一是指人在祷告中精神脱离肉体，从而与上帝合一；二是指强调肉体性，顾全人性丧失神性，以及罪人与上帝的疏远，本质含义强调脱离、丧失和疏离。近代启蒙思想家将其归结为关系的疏离、权力的转让和神经的错乱，如卢梭将异化看作损害个人权利的否定活动，人的活动及其产品变成异己的力量，是一种关系的异化。黑格尔在其著作中也使用"异化"一词，把它理解为向对立面的转化和"绝对精神"的外化，认为"异化"是主体活动的产物反过来成为制约、压迫自身的一种力量。费尔巴哈将"异化"运用到宗教批判上，认为人的本质是理性、意志和心，认为上帝是理性的产物，是人的本质

---

① 《马克思恩格斯选集》（第一卷），人民出版社，1972年，第7页。

的对象化、客观化,是人的本质的丧失和异化。马克思在论述人的本质时提出了人的异化理论,他将人的异化首先放在劳动异化当中,认为劳动异化使得人与劳动产品、劳动活动本身异化,使得人的类本质、人的群体本质相异化,劳动异化最终导致生产及其产品反过来统治人,人在劳动异化中丧失了能动性,人的个性片面甚至畸形发展。

综合前人关于异化的论述,本书中探讨的人性的异化是指人的本性、社会性和精神性与人自身对立、分裂,成为人自身发展的阻碍因素。

四、主要理论基础

(一)网络社会理论

网络技术的兴起与发展促使人类社会发展模式发生根本性变革——网络社会作为一个全新的社会形态成为当今人类生存的重要形式。"网络建构了我们社会的新社会形态,而网络化逻辑的扩散实质地改变了生产、经验、权力与文化过程中的操作和结果。……新信息技术范式却为其渗透扩张遍及整个社会结构提供了物质基础。"[1]网络技术导致的社会最显著的变化是网络、信息、技术、现实社会进行多方融合建构,不仅使人类社会空间进行着时空压缩,还导致了活动范围的广泛而深刻的时空扩展,[2]生存模式实现了"从物理生存到现实与虚拟空间混合生存"[3]。在这样的社会中,新的空间域态、新的社会结构和新的社会个体出现,个人与群体之间、权力结构之间、社

---

[1]　[美]曼纽尔·卡斯特:《网络社会的崛起》,夏铸九等译,社会科学文献出版社,2001年,第569页。

[2]　刘少杰:《网络社会的时空扩展、时空矛盾与社会治理》,《社会科学战线》,2016年第11期。

[3]　何哲:《网络文明时代的人类社会形态与秩序构建》,《南京社会科学》,2017年第4期。

会结构之间等的互动模式重新建构,社会文化、价值与心态等"软环境"被重新界定,网络空间主体的行为模式和行为逻辑呈现出诸多不同于现实社会行为的特色。[①]

网络技术的"去中介化"特质使人类的互动交流摆脱了物理、距离和时间的限制,将人类社会活动空间划分为"在场空间"和"缺场空间",[②]人在网络空间中以虚拟化、数字化形象进行生产、互动和存在,现实空间的现实性与虚拟空间的平等性、自由性、开放性、隐匿性与实践性引导社会结构分化,引导着一个完全不同于传统社会的"流动"社会,塑造了更新、更快、更便捷的生产——消费式社会,也塑造着平等化、个体化、集群化的政治民主、社会多元的社会。在这样的社会中,权力结构、经济交易与交往、社会不同方式、文化价值、人的内在稳定性在流动信息的流变中不断变化,网络社会中诸要素的不确定性凸显,社会冲突风险增加。因而,在网络社会中,知识、信息、人的需要等非传统力量在网络时代的重要性凸显,人摆脱传统束缚,追求更高层次需要的能力增强,人的主体地位跃升,社会成为一个去中心、去权威、感性化的社会。

本书选择"网络社会理论",主要用于分析互联网在重塑人类社会结构的同时,对人及人的本性的影响,并通过考察网络社会形态下的单个人的生存状态,研究网络群体特性,研究网络社会中人性的异化以及如何完善人性,因此网络社会理论贯穿本书的始终。

(二)社会互动理论

社会互动理论并不是一个统一的理论,而是学者们围绕着"社会互动"

[①] 黄少华:《网络社会学的关键议题》,《宁夏党校学报》,2013年第3期。

[②] 刘少杰:《网络化的缺场空间与社会学研究方法的调整》,《中国社会科学评价》,2015年第1期。

现象,对人类的交往活动进行了不同角度的探讨。德国学者齐美尔最早提及"社会互动",认为社会互动是人出于各种本能欲望而结成的相互支持或敌对的关系,他认为社会的本质在于互动和交往,[①]人类的互动形式主要有合作、竞争和联合三种。继齐美尔之后,围绕社会互动,西方学者又从微观角度对互动主体之间的相互作用提出了不同的理论,如米德的符号互动论、戈夫曼的拟剧论、布鲁默的象征相互作用论和霍斯曼的社会交换论等。大体来讲,社会互动理论的研究史可以分为三个阶段:第一阶段为理论兴起阶段,发生在20世纪初期,理论成果主要包括齐美尔的基于本能的社会互动理论、韦伯的社会行动理论和米德的符号互动论;第二阶段为理论成熟阶段,主要发生在20世纪五六十年代,这一时期对社会互动理论的研究取得了开拓性的突破,包括布鲁默对符号互动论的发展、戈夫曼的拟剧论和帕克的自我和身份的理论;第三阶段为理论继续延伸阶段,主要指20世纪70年代以来的研究状况,在这一时期,学者们开始关注情感在社会互动中的作用,探讨情感对人际关系的影响以及对社会结构的塑造,认为"互动性更重要的是过程的建构"。西方学者对社会互动的探索主要是互动主体之间的信息互动,即使韦伯突出互动中的"社会行为"的概念,也是以人们之间富有意义和象征性的社会现实为基础,即要理解社会宏观结构和社会全过程,必须从行动者的感受出发,理解他们的思想和动机。

对于网络社会中的互动研究,以上学者的研究都颇有指导意义,但结合网络技术特性,符号互动论、人性互动论和社会交往理论的意义更重大,更能洞察网络社会行动及互动的奥秘。

符号互动论的创始人是社会心理学家米德,詹姆斯、库利、杜威等人也对符号互动论作出了重要贡献。其主要观点是:人与人之间的互动是符号

---

① Kiousis, "Interactivyty: A Concept Explication", *New Media & Society*, 2002(4).

的互动,事物对社会行为的影响在于该事物对个体的象征意义,不在于事物本身的世俗化内容与功能,象征意义源于社会个体对他人的互动,包括个体的语言、社会文化和制度的互动。在互动过程中,人们往往根据他人对自己的态度和看法认识自己、修正自己。

人性互动论强调人的非社会规范性互动。该理论认为,由于在社会生活中,人们并不总是进行熟人互动,很大一部分也与陌生人互动,而且即便是熟人互动,人们在互动中也往往带有情感特征,互动并不总是按照社会规范或者组织规范进行。人性互动中的非社会规范包括人际的互相吸引、社会刻板印象、非语言沟通、人际交往的差序格局等。

社会交往理论形成于20世纪50年代末,主要代表人物是霍曼斯、布劳等。该理论认为,人们之间的社会关系是资源交换关系,人们之间进行互动的实质在于交换彼此的酬赏和惩罚的过程,酬赏交换往往指在人们在交换过程中获得的社会尊重、认同、金钱和服从等。

(三)马克思主义人学理论

人的存在、人的异化、人的发展问题一直是马克思人学关注的重点问题。在马克思主义人学理论当中,人的概念起源于对德国古典哲学中"抽象的人"的批判,提出了"现实的人"的概念。在马克思主义人学理论当中,"现实的人"指的是实践基础上人的客观实在性,即"'现实的人'不仅具有自然性,更具有社会性与实践性"[1]。首先,马克思认为,人是"有血有肉的对象性存在"[2]。作为"现实的人",必须首先承认作为自然存在物的客观性,首先满足人的吃穿住行等生理与生存需求,这是人存在和发展的物质基础。其次,

---

[1]　张良:《论马克思人学思想的逻辑内涵与时代价值》,《求索》,2012年第11期。

[2]　陈奕诺:《马克思人学思想及当代价值刍议》,《学术交流》,2019年第8期。

作为社会存在物,人具有社会历史性,人只有结成集体或在共同体当中才能生存,"人的存在不是抽象的、孤立的、脱离社会的单个人的存在,而是通过人与人之间的社会关系而形成的彼此相联的社会性的存在"①。准确判断人的社会关系才能理解人的本质。最后,"现实的人"具有实践性,人只有在实践当中改造自己和环境,进行生产,获得生存的物质基础,人也只能在实践活动中建立自己的社会关系,深化自己的本质,因此理解"现实的人"是深刻理解和分析人类自身的基础。

在"现实的人"的理论中,马克思关注人的现实生活和发展命运。马克思人学的可贵品质在于其"关注人的生活世界,主要是关注人的生存境遇与发展命运"②。通过引入哲学"异化"概念,批判资本主义社会当中的人的生存恶劣境遇,揭露资本主义社会中劳动异化、技术工具异化以及资本主义社会中物的增值、人的贬值现象,指出克服物的依赖性、消灭旧式分工与私有制,实现人的解放。

人的自由全面发展是未来社会发展的根本价值和终极目标。马克思认为,社会发展的动力应该放在每个人的能力充分发挥上,个人发展应该是每个人在劳动、社会关系和个体素质诸方面的全面、自由而充分的发展,人应该全面占有自己的本质,成为完整的人。

---

① 李春生:《马克思人学思想与黑格尔费尔巴哈人本主义的关系》,《兰州学刊》,2009年第1期。

② 韩庆祥:《马克思开辟的人学道路》,《江海学刊》,2005年第5期。

五、研究思路、研究方法和可能的创新之处

(一)研究思路

本书从历史维度系统梳理中西方关于人性发展的脉络,从古希腊罗马时期注重个体美德的理性人性观,到中世纪神学人性观,再到启蒙运动后的自然人性观,总结西方社会人性论发展的规律。之后将视角转向国内,梳理中国历史上关于人性的主要思想,以及对正确人性观——马克思主义人性观的阐述,进而考察人性观对社会秩序和社会发展的影响,探索人性新的实现场域——网络空间对人性的影响,从而引出本书的研究主题,是为第一章。第二章主要探索网络究竟怎样影响人性的,主要从四个方面来考察,第一,对网络社会中的互动形态的考察;第二,对网络社会中的人性影响动机的考察;第三,对网络社会的人性结构的考察;第四,网络社会中的人性与现实社会人性的对比考察。第三章主要探讨网络对人性实现的推动作用,以马克思主义人学理论为基础,考察网络对人的自由、人的精神世界、人的社会交往、人的自身价值实现和群体人性价值的实现作用,从而肯定网络对人性发展的正面性。第四章主要考察网络对人性的异化作用,包括由经济利益导向引发的人性危机,比如网络诈骗、网络诚信等问题;由好奇心引发的人性之恶,比如网上猎色、网络猎奇、网络人肉等问题;由网络的虚拟性(拟真性)引发的现实存在感减弱及孤独感增强的问题;由网络的游戏性和工具性引发的网络过度依赖以及网络成瘾的问题;由现实压力(比如社交焦虑、社会压力)引发的个人情绪非正常发泄的问题,以及由网络的便捷性、信息不确定性及"网络大V"的信息引导导致人的理性意识减弱等问题。第五章主要研究怎样规避网络对人性的异化,主要从自我理性、社会理性制度以及规范网络参与行为三个角度进行探索。

(二)研究方法

1.文献研究法

文献研究法,就是在搜集大量关于网络社会、虚拟生存、人性理论等文献资料基础上,进行归纳、整理和总结,总结现有研究状况,询查已有成果的不足,设定研究内容和研究方向。具体方法是:一是从历史维度梳理文献材料,考察人性论在中西方历史上的发展脉络,从而掌握人性理论的实质和精髓;二是梳理现有关于网络社会、网络虚拟交往的资料文献,找出现有研究状况的薄弱与欠缺领域,为即将展开的网络人性研究寻找切入点和创新点,通过梳理发现网络技术与人性互动是一个很好的研究视角。

2.实证研究法

实证研究侧重于搜集一手资料,对所获得的数据、材料进行实证与定量分析,得出研究结论。本书采用实证研究法,主要完成两方面工作:一是对网络社会中的人性现象进行实证分析,能够较好地论证网络技术对人性的正负面效应,展现网络社会空间内人的生存状态,对人性异化问题进行对症下药。二是对数据进行定量分析,搜集、汇总、整理、分析与网络、网络技术、网络互动等相关的数据资料,主要包括各类统计数据和相关统计报告,如国家统计局发布的相关数据及报告、中国互联网信息中心历年发布的《中国互联网络发展状况统计报告》,以及各类皮书,对所获得的数据进行定量分析,进而得出相关研究结论。

3. 比较研究法

比较研究法是按照一定标准对相似或相异的事物进行相似性或相异性的对比考察。本书运用对比研究法首先是为了对比东西方关于人性概念的理论差异,从而得出西方关于人性的理论多侧重于强调理性和人的自然属性,中国历史上关于人性的认识侧重于理性和人的社会联系性。其次,通过对传统社会中的人性与网络社会中的人性进行对比考察，从中得出网络中的人性比现实中的人性更真实、更容易满足和网络中的人性之恶对社会的危害更大。最后，通过对前网络时代与网络时代的对比，深刻了解网络社会时代的结构、社会交往、生活与思维的变化，从而得出在网络时代，人性的实践场域发生了极大的变化。

4.逻辑分析与历史考察相结合的方法

逻辑分析法常用于哲学研究领域，人性作为伦理哲学中的重要概念，是中西方历代哲学家经常思考的问题，因此在研究网络技术下的人性现象和人性问题时，不可避免地采用历史思辨的方法，考察人性理论的历史演化，进行思辨式的研究。本书采用逻辑分析与历史考察相结合的方法，就是对人性这一问题进行社会哲学式的思考，从人性、技术相互作用的演进进程中探讨网络社会空间中的人性趋势与走向。

（三）可能的创新之处

第一，当前学界，研究网络社会的科研成果较多，但将网络与人性结合起来的研究成果却较少，专门的著作、学位论文及期刊论文的数量极少。研究网络中的人性问题被认为是一个新兴的研究领域，因此本书在完成系统论述网络与人性之间的相互关系之后，期望能够在网络社会中的人性考察、网络治理、网络伦理道德建设等方面贡献一定的学术力量，这是本书的一大难点，是最具价值的部分，也是本书研究成功与否的关键所在。

第二，从历史维度考察人性演变的规律，尤其是当前我国正处在互联网时代的大背景下，网络技术在智能化社会建设的独特优势越来越被关注。将网络与人性的结合研究放在整个人性论的历史长河中加以考察，得出网络社会中的人性问题是一个崭新且复杂的社会问题，是对社会治理和培育全面自由发展的个人的学理性补充，这既构成本书的特色，同时又是一大难点,本书力求在这方面取得突破。

第三,网络对人性的双重性影响是一个亟待理清的现实问题,网络的复杂性和人性的多样性、复杂性交织在一起,明显增加本书研究的难度,如何最大限度减少网络对人的异化作用,实现网络最大化促进人类本性的发展是本书探讨的一个重点,本书力争在这方面有所突破,凸显研究价值。

第一章　人性论的历史嬗变与发展

任何思想学说的产生和发展都有其根深蒂固的"源"和绵延不断的"流"。毫无例外,作为马克思主义理论背景下的人性理论同样具有历史继承性,是中西方一代一代的学者在特定社会历史条件的思考产物,也就是说,古今中外的学者对在特定条件下产生的人性理论具有思想的继承性,不断推进了人性理论形态的历史演进。

第一节　中西方人性论思潮的历史演进

东西方由于自然环境的不同形成了不同的人性论的历史渊源。自然环境是人赖以生存的基础,不同自然条件决定人们不同认识论基础,起源于自然环境差异的东西方的学者对人性论的认识也有一定的差异。西方文明起源于地中海沿岸古希腊、古罗马时期,其山地多耕地少的自然禀性决定了可以维持人类生命的土地资源非常稀缺,因而西方早期的思想家们必须从这一基本事实出发,思考自然与人的关系,承认有限资源内发挥人的价值的重要性,肯定人认识世界和改造世界的价值和作用,重视人的美德对获得个人幸福、维持社会秩序、保护国家安全的积极作用。中国文明起源于大河流域的平原地区,土地生存资源的可获得性较强,土地与人的关系较为稳定,人被土地束缚,在此基础上建立的政治制度也要求稳定的人身统治关系,因而人处于专制统治、社会礼仪秩序之下,人的自主性、人的价值和人的需求被压抑在土地关系之中。

一、西方人性论的历史演进与发展

可以说,西方文化历史是一部关于人性描述的历史,主要围绕人的世俗化(幸福)、人的政治化、人的精神皈依性(宗教)以及人的逐利性(利己主义)展开,形成了西方文化的四个源头:古希腊世俗文化、古希伯来宗教文化、古罗马的政治文化和近代意大利的市场文化或商品文化。古希腊文化重视人的世俗生活,个人幸福是其主题,主要围绕"什么是幸福,如何获得幸福"来进行;古希伯来文化重视人来世的幸福,信仰上帝、依赖上帝,是一种宗教信仰主义文化;古罗马重视社会公共生活的管理,政治制度建构、法制文化是其主题,主要围绕如何管理公共生活展开;兴起于14世纪的意大利市场文化重视商品经济,利己主义是其主题,主要围绕如何在市场竞争中获得更多的利益展开,是一种利己主义文化。这四种文化先后在西方历史上占主导地位,但综观整个西方文化历史,古希腊文化是西方文化的基调,它的人性论强调两个方面:一是尊重个人主义和个人权利,重视个人幸福;二是推崇理性,重视理性在社会生活中的重要作用。

(一)古希腊罗马以获得幸福为目的的德性与理性人性论

西方关于人性的思潮最早可以追溯到古希腊罗马时期,主要围绕着人的理性、德性、善、知识、美德与城邦政治展开,探讨的是人如何在世俗生活(和谐的城邦)中获得自身的幸福,而这基于一个基本事实:人与动物具有根本的区别，人的灵魂具有理性，可以根据知识、理智进行自制，能够做好事，实现善。

　　苏格拉底将人归结为一个拥有潜在美德的道德主体。在苏格拉底看来，神赋予了每个人节制、正义、勇敢、虔诚等德性品质，人应当认识到自己在德性上的无知，激发潜在的美德知识，才能获得幸福，才能安身立命。柏拉图继承并发展了苏格拉底的德性人性论，认为善是宇宙最高和最终的目的，道德是善的理念在人的灵魂中的体现，理性、意志和情欲（知、意、情）共同构成人的灵魂，当人的理性摆脱肉体战胜情欲，认识了最高的知识善的理念，人就达到了真善美的理想境界。古希腊哲学集大成者亚里士多德批判了柏拉图的理念论，认为人具有理性、政治性，人追求幸福和至善。首先，他将人的本性归结为政治性，认为人有善与恶，公正与不公正的价值判断，人生活在家庭和国家中并组成家庭和国家，是人的天性所致。其次，他认为追求美好生活和幸福是人的本性，因为自然万物皆有向善的天性，人作为宇宙之灵物也是向善的，而幸福便是至善。最后，他认为人活得幸福的关键是人的行为必须符合德性，只有当意志和情欲服从理性的律令时，其所作为才是有道德的；幸福在于德性。

　　古罗马的伊壁鸠鲁派也赞同人追求幸福的本性，与古希腊学者不同的是，他们将幸福归结为"快乐"，认为"幸福即快乐"，他们认为"生物一来到世间，就对快乐充满好感，而对痛苦存有敌意"[①]，快乐中的喜悦是至善，痛苦是至恶，快乐和痛苦是善和恶的唯一尺度。对于什么是快乐，伊壁鸠鲁派认为，快乐是"肉体无痛苦和灵魂无纷扰"，灵魂的快乐比肉体的快乐更高贵和更持久。对于如何实现快乐，伊壁鸠鲁派认为，德性是实现快乐的工具，明

---

　　① ［古希腊］第欧根尼·拉尔修：《名哲言行录》（下），马永翔、赵玉兰等译，吉林人民出版社，2011年，第579页。

智、公正和友爱是最重要的德性。

古希腊的实践智慧与古罗马的法治思想在某种程度上探讨了美德、城邦、国家、幸福等之间的关系,肯定了现世快乐幸福,高度重视德性对人生和个人幸福的意义,对近代西方肯定人的价值、张扬人的个性和尊重人的主体地位的人类发展起到了一定的作用。

(二)中世纪以"原罪"和"救赎"为主题的宗教人性论

基督教一经产生,就作为一种被压迫者的灵魂依托,经与古希腊的理性与德性主义文化融合,逐渐形成了基督教人性观,即一切有关人、人性、人的道德、人的价值完全被纳入人对基督教的信仰关系当中。具体地讲,中世纪人性论的理论逻辑建立在"原罪"基础之上,而且"原罪"论由中世纪早期哲学家奥利金人生而本恶的教义得到初步阐述,到奥古斯丁提出完整的"原罪"理论,才成为统治社会长达千年的绝对主流文化,之后经过托马斯·阿奎那等学者的进一步阐释,成为影响人的本性、人的社会生活的、根深蒂固的思想。在奥利金看来,人"早在一般肉欲天性产生之前就有了堕落"[①],虽然肉欲不是堕落的原因,但是堕落的直接后果,人之恶和人的堕落与人自由意志相联系,人作为理性和自由的生物能够改正自身的错误,并能恢复同上帝的联系。奥古斯丁进一步完善了"原罪论",他认为,由于人类始祖因偷食禁果而堕落,其子孙后代继承了始祖的原罪而人人生而有罪,人"在现世中无论如何都不能达到至善"[②],只有靠上帝的"恩典"才能被救赎,因而人应该忍让、恭顺和憧憬幸福。

中世纪宗教人性论,把人的本质当作纯粹精神的思想发挥得淋漓尽致,

---

① [苏]A.古谢伊诺夫、F.伊尔利特茨:《西方伦理学简史》,刘献洲译,1992年,第231页。

② 周辅成:《西方伦理学名著选辑》(上卷),商务印书馆,1964年,第357页。

它"把我们的肉体、我们的欲望看作某种与我们相异的东西"①，否认了人作为情感和欲望动物的物质性，认为人的情感、欲望是导致人的罪恶的源泉，鼓吹绝对禁欲主义，具有明显的局限性：虽然人的欲望与情感会引导人做一些损害他人、损害社会的罪恶活动，但是将其绝对化而完全抹杀人类本性的做法不可取，根本的原因在于，人的欲望和需求是人进行实践活动的内驱力，正是人的欲望和需求推动着人进行生产性、创造性活动，这是人类社会发展的根本动力。总的来说，人的欲望和需求推动人从事何种性质的活动，关键在于社会现实和社会制度将人塑造成什么样的人，而不是将其限制成什么样的人。

（三）近代西方以追求自由、平等为目标的自然人性观

近代西方社会的人性理论是在批判中世纪宗教人性观的基础上，伴随着近代工业文明的发展而兴起的。这一时期的启蒙思想家和人道主义者从上帝那里夺回人的自主权，肯定了人的现实幸福，尊重人的本能欲望，相信人的理性和创造能力，并围绕人的自然本性、理性和天赋人权等角度阐述人的本性与政治制度、市场经济的关系，从而奠定了现代西方文明的基础。

文艺复兴后，肯定人的自然性的人性观开始普及，人的自然本性、情感和欲望被认为是人的天然属性，人追求幸福不是罪恶，而是人的本然。17世纪的英国经验主义者霍布斯否定人生来就有罪的理论，认为人生来是自保自爱、趋利避害的，这既是人的本性也是人的权利。他认为，在前人类社会——"自然状态"的社会，人出于本性进行活动，人与人之间是狼对狼的关系，进入人类社会后，为了使人类不在自我战争和消耗中灭亡而过和平的生活，人民需要订立契约，限制人的自然人性。18世纪的法国启蒙思想家卢梭

---

① 《马克思恩格斯全集》（第三卷），人民出版社，1960年，第285页。

继承并发展了这种自然人性观,他认为,人性的首要法则是维护自己的生存,人性的首要关怀是对人自身的关怀,这些生来就有的天赋是神圣不可侵犯的。同一时期的法国思想家爱尔维修、霍尔巴赫同样肯定人的欲望与人的自利行为,认为人是感性的肉体的人,趋乐避苦、自利行为是人人具有的本性,人的一切情感与欲望都是自然合理的。英国经验论哲学家大卫·休谟认为,人的情感建立在经验主义之上,"人类心灵的主要动力或推动原则就是快乐或痛苦;当这些感觉从我们的思想和情感中除去以后,我们在很大程度上就不能发生情感或行为,不能发生欲望或意愿"①。亚当·斯密则从人的经济自利性和道德理性人的角度阐述了人的本性。他在《国富论》中强调人性自利的一面,自私是人的本性,"像斯多葛学派的学者常说的那样,每个人首先和主要关心的是他自己。无论在哪一方面,每个人当然比他人更适宜和更能关心自己"②。他认为利己能够使每个人为了改善自己的境遇而努力,从而使整个社会富强繁荣。他还认为,人不仅有利己心,还有同情心,"无论人们会认为某人怎样自私,这个人的天赋中总是明显地存在着这样的一些本性,这些本性使他关心别人的命运,把别人的幸福看成是自己的事情"③,这个本性就是同情心。同情心作为人类的"原始情感",在"同感"的引导下引发关于正义、责任感、美德和自我控制的道德感,从而使人由自我导向倾向向社会、他人关注,从而展现尽善尽美的人性。

(四)当代西方基于人本主义考量的人性观

19世纪末以来,伴随西方社会的政治、经济出现了严重矛盾和科技的突

---

① ［英］休谟:《人性论》(下),关文运译,商务印书馆,1980年,第616页。
② ［英］亚当·斯密:《道德情操论》,蒋自强、钦北愚等译,中央编译出版社,2009年,第216页。
③ 王初根:《西方经济伦理思想新探》,江西人民出版社,2015年,第18页。

飞猛进，社会涌现非理性主义与唯科学主义思潮，他们从人的内心、人的真实境遇、科学支配下人的发展等角度关注个体的、发展的、欲望的、意志的人的本性，并对无限度发展的科学表示忧虑、不安和惶恐，长期成为西方社会的思想主流。

弗洛伊德主义人性论是从心理学的角度阐述人的理论。弗洛伊德在《自我与本我》一书中，阐述了"本我""自我"和"超自我"的人格的三重理论，对后世有很大的影响。弗洛伊德认为，"本我"是人最原初、最深层的心理结构，首先表现为人的原始性欲和本能，这种力量强劲而冲动，在现实生活中必须加以限制和驾驭。"自我"是在幼儿期慢慢形成的，由理智和意志组成，在遵循现实性的原则上控制"本我"的方向。"自我"不能绝对控制"本我"，因为深埋人的精神底层的无意识心理决定了人的行为和动机，这种无意识是不易被人发觉的。"超自我"是人格结构的第三个层次，它是"一切道德限制的代表，是人类心理结构中的文明部分"①，来自人的无意识和父母的权威，它的职责是借助犯罪感或负疚心来压抑"本我"的冲动。三者的关系是："自我"是"本我"和"超自我"的仆从，它既受"本我"的鞭策，又要服从"超自我"的绝对命令，这就意味着"自我"一方面受感性"本我"的驱使，满足"本我"的冲动；另一方面又受理性"超自我"的严酷监督，遵循道德原则而活动。晚年，弗洛伊德又提出了人的双重本能的理论，即人有"生的本能"和"死的本能"，"生的本能"将生命的物质集合成大整体，使生命体向有机发展，"死的本能"使生命体趋向无机，确保有机体沿自己的道路走向死亡。

存在主义是当代西方社会流传很广、影响很大的哲学流派，直到20世纪60年代这种思潮才慢慢消退。克尔凯郭尔是存在主义的思想先驱，他反对传统思辨哲学和唯理论，提出哲学应该研究人和人的现实问题，重新提出

①　李士坤、赵建文：《现代西方人论》，河北人民出版社，1988年，第79页。

"认识你自己"的口号。萨特、海德格尔和雅思贝尔斯是存在主义人性论的主要代表。存在主义关于人性的讨论主要集中在四个方面：第一，存在主义的真正存在是人的存在。海德格尔认为这个真正存在是人的"亲在"，世界是"我"的"亲在"的性质[1]；雅思贝尔斯赋予了具体个人存在的现实意义，认为人是当下的存在；萨特把人的存在划分为"自在"和"自为"，"自在"是外部世界，"自为"是人的意识。第二，人的存在是人的内心情绪体验，烦恼、恐惧、面临死亡的情绪是人的存在的基本内容。[2]存在主义强调的人的存在是指人的主观意识的存在，强调人的内心情绪体验，即人的孤寂、苦闷、烦恼等情绪的存在。海德格尔认为"亲在"会在与物（衣食等）、他人打交道产生烦心，"亲在即是烦"[3]，"畏"和"怕"是"亲在"的"鲜明展开状态"，它揭示了特定环境中的个人处境，将自己与他人、公众的存在分开。海德格尔认为，把握了死亡就能懂得个人存在的意义。第三，人的存在先于本质。每个人都是独一无二的，是具体的，人是活动的人，人的存在就是人的生活。第四，强调人的自由的重要性，自由是人的全部存在。萨特认为，人的意志、人的情感甚至人的整个存在都是自由的，自由是行动的首要条件，自由的基本行动是选择，人应该勇于承担起自己行为的责任。

20世纪中后期，法兰克福学派作为西方马克思主义中影响最大的一个流派，主要是批判后现代资本主义社会对人性的压抑和摧残。霍克海默和阿多诺在《启蒙的辩证法》中批判了启蒙理性和技术理性的弊端。他们认为，在当前晚期资本主义社会里，科学技术和理性主义的结合已经渗透到社会结构中，展开了对人与自然的深刻奴役，人在技术理性和工具理性中逐渐

---

① 洪谦主编：《西方现代资产阶级哲学论著选辑》，商务印书馆，1964年，第372页。

② 车铭洲、王元明：《现代西方的时代精神》，中国青年出版社，1988年，第206页。

③ 中国科学院哲学研究所西方哲学组编：《存在主义哲学》，商务印书馆，1963年，第98页。

丧失了感性、主体性和创造性，艺术不再在展现人性追求，而是成为商品市场的需求物，艺术价值意义肤浅且单薄，在这样的社会中，人成为单向度的人。马尔库塞表达了同样的观点，他在《单向度的人》中认为，充斥在后工业社会的技术理性和工具理性使人的个性没有了施展的空间，统一化、步调一致的生存环境使人取向一致，人乐于满足技术带来的丰富物质享受，技术理性把人训练成单向度思维的人，阶级阶层趋向合作以维持社会结构、社会形态的稳固，人的充分自由发展没有动力也没有活力，这样的社会是病态的社会。

（五）对西方人性探索史的评价

综观西方人性发展史，西方学者普遍认同人性本恶的假设，对人性采取二元的态度，主要从人的乐观与悲观、快乐与痛苦、自由与自为、神性与人性、善与恶、精神与肉体、永恒与现世、内在与外在、抽象与具体、社会性与动物性、宗教与规范等不同角度审视人性，力图阐释完整而又客观的人性结论，但最终还是归于人的整体性，把人看成完整的人，把人和社会的追求定位到"人的现世幸福""人性的舒展"和社会的公序良俗上。从人性实现的物质基础上看，人要实现高贵、尊重人的价值，必须突破物质财富的限制，这是实现人性解放的第一步，物质的"节制"不再是决定人性发展的障碍。从人性的文明程度和社会制度发展的角度看，人的概念是贯穿西方社会文化历史和制度变迁史的基础。从古希腊到现代西方社会的制度文明建设过程看，制度文明从来都是基于物质发展基础和生活于其中的人而运作的。同样，包括各时期的思想家、学者在内的上层建筑设计者也要求人们按照社会文明制度规范人的思想和行为，将人性限制在标准和规范内，社会文明与人的本性向来都是相互影响、互相成就的。

二、中国人性论的历史演进与发展

中国人际关系学发达,从古至今,从圣贤到百姓,无不注重人、人生、人性,讲求做人之道、为人之方、成人之路,因为各个朝代的人都注重爱人修己,讲信修睦,和谐共荣,这对于形成中国人的人格、国格和民族精神都起着决定性作用。从内容上看,中国古今的学者对人、人性的看法和认识思想宏大,意蕴深邃,其丰富性、广泛性、深刻性和系统性是世界文明史上之最。从几千年中国人性论的发展轨迹上看,不同人性观学派在理论流变中相互补充、相互融合,形成了丰富多彩、博大精深的理论体系。对于这样的一个体系,以一己之力论述清楚、精准极其不易。鉴于此,对中国人性论发展史,采取以横面研究为主、纵面研究为辅的方法探究中国人性理论的嬗变。横向研究主要以截然不同的观点流派为主体,纵向研究是遵循历史发展的中国时期为序,进行阶段研究。从横面的主要观点流派上看,对人性论的看法主要包括以下几个思想簇团:

(一)道家自然人性论

自然人性论主要指道家自然德性论,这一思想起始于老子,发展于庄子,主要成就于刘安的《淮南子》,质变于明末李贽的自然人性论。道家学派的人性论具有双重含义,一是指人的自然性,认为宇宙一切都是自然的,人也是自然的一部分,人的本性亦是自然;二是指应遵循人的自然本性,自然无为、不争善胜。

老子认为,人的本性是"无知""无私""无欲""自然无为"。人性的败坏是因为人丧失了淳朴、敦厚的自然本性,产生了自私心、占有欲,从而使"大道废弃",社会争斗、动乱不已。统治者的贪得无厌和奢求物欲,给社会带来了战争和灾难，要使人性重回"自然清静"状态，统治者和民众必须回归到"见素抱朴，少私寡欲"的原初状态，这样人的本性才能得到恢复。作为道家学派的第二号人物——庄子，他继承和发展了老子"自然无为"的人性观点，认为"道"是宇宙万物的最高本体，万物得"道"而生，得"道"为"德"，得"德"为"性"。人应道法"道"而无为，自由而生活，不为外物所诱惑、所牵累。庄子把仁义、情欲都看成具有损害性的，主张精神绝对自由，人应该超脱物外，逍遥宇宙，这样才是真正符合人的天然本性，才能达到"无己""无功""无名"的"至人""圣人""神人"的境界。西汉的刘安编撰的《淮南子》，把"道"看作产生万物的始基、本原，提出"道曰规，道始于一，一而不生，故分而为阴阳，阴阳合和而万物生。故曰：一生二、二生三、三生万物"①。万物生成理论，《淮南子》认为，人的演化是一个自然而然地发生发展的过程，而人性亦是自然的，是和愉安静、好逸恶劳、少私寡欲、自足自乐的。它认为人的自然纯朴之性，不含仁义礼乐等道德属性，认为这些道德观念使人的自然属性丧失了，人的本性是天然淳朴的，既没有仁义的道的属性，又没有利于争夺的天然本性，所以是没有善恶可言的。它还认为，人的"嗜欲"与"人性"的对立，"嗜欲连于物，聪明诱于外，而性命失其德"②，人的自作聪明，追逐外物使人产生了好恶之情，损失了人性，丧失了天理，也就产生了"圣人"与"众人"之别。因而，人少私寡欲，恬淡养性，才能"五藏能属于心而不乖，则教志胜而行不僻矣"③。《淮南子》并不主张禁绝物欲，它承认生活欲望的要求、感情的流露是人的本能，是合乎人性的，是"性命之情"。明末学者李贽，"好为惊世骇俗之论"，提出了与传统自然德性观大为不同的理论，他从人人皆有的"自然之性"引申出人人平等的思想。他认为，只要人们努力学习，就能达到

---

① 《淮南子·天文训》。
② 《淮南子·俶真训》。
③ 《淮南子·精神训》。

"尧、舜"等圣人之境,达到"自然之性"的真道学境地。他认为,圣人与众人一样,具有"欲富贵"之心和势利之心,这是人禀赋的自然之性,任何人不例外。

(二)儒家人性的善恶争论与人性"二元论"思想

人性善恶的争论由来已久,争论由儒家学者首创,孔子是创始人,后有孟子的性善论、荀子的性恶论、告子的性无善恶论的发端,经汉唐至明清的学者深度阐释,其争论绵延不休。孔子很少讲人性,他的学生子贡总结道"夫子之言性与天道,不可得而闻也"①,但孔子仍旧提到"性相近、习相远"的人性观点,虽未涉及善恶,但指出了人的本性与环境之间的关系。古代先贤以儒家学说为理论基础,大体上经历了五种人性争论,集中反映了两千多年来中国传统人性观念。

1. 先秦时期人性善恶思想发轫

孟子是第一个提出人性本善论学者,他在继承了孔子的"仁学"的思想基础上,驳斥了告子的性无善恶的思想,集中表达了人性本善的观点。孟子从告子"食色性也"的自然属性,"性犹湍水也,决诸东方则东流,决诸西方则西流"的自然人性开始驳斥,认为人类与动物的不同在于本性"先天至善",人有善性,即有四端——恻隐之心、羞耻之心、辞让之心、是非之心,此四端是"人异于禽兽"的根本原因。孟子认为,人要发展这些善端,就要"存心、养性",进行后天的修养和培育,方法是接受教育、努力学习,以求达到"尧舜"境界。荀子驳斥了孟子的"性善论",认为人性本恶。他认为:"今人之性,生而好利焉,顺是,故争夺生而辞让亡焉;生而有疾恶焉,顺是,故残贼生而忠信亡焉;生而有耳目之欲,有好声色焉,顺是,故淫乱生而礼义文理亡焉"②,

---

① 《论语·公冶长》。
② 《荀子·性恶篇》。

认为人类本能是"好利疾恶""好耳目之欲",只能以"师法之化、礼仪之道"规范。综合来看,先秦时期的人性论开始在人的自然性、社会性和规范性上探讨人性的善恶问题,为以后人性理论的发展和深化奠定了理论基础。

2. 汉唐时期人性善恶高低的"三品说"

汉唐时期思想家在大一统的社会背景下,围绕着人性的善恶提出了不尽相同的说法,主要有《淮南子》的道家自然人性观,何晏、王弼、刘劭的性情论,佛教的"本性是佛论""法性自然论",其中最有影响力的是"人性三品说"。"人性三品说"是为适应大一统集权政治需要提出的,董仲舒是首创者,后王充、韩愈、李觏进行了补充论证。董仲舒继承孔子的"中人以上,可以语上也,中人以下,不可以语上也"①的思想,提出人性分为三种:一是情欲少,不教自善的"圣人之性";二是情欲多,教之已不能为善的"斗筲之性";三是有情欲,可以为善也可以为恶的"中民之性",中民可曰性,因为纯善的"圣人之性"与纯恶的"斗筲之性"都不可教化,而中民包含善善恶恶之质,可教化,说明了圣王教化万民的合理性。继董仲舒之后,王充把人性分为上、中、下或善、中、恶三品,韩愈为对抗佛教提出了性善情恶论,试图说明人性善恶的来源,李翱力证性善情恶,提出复性灭情说,论证了"中人""众人"通过教化而去情恶保性善的可行性。

3. 宋元明清的理学与心学的人性观

宋元时期的儒学发生了明显的变化,表现为"从汉儒的尚训诂,注章句的学风,走向了远人事而尚天道,舍训诂而重理、心、性、命的学风"②,义理之学空前发展,人性论出现了以"三纲五常""天理人欲"为要义的"天地之性"与"气质之性"的二元之辩。人性二元论理论的首创者为张载,发展者为"二

---

① 《论语·雍也篇》。
② 姜国柱、朱葵菊:《中国人性论史》,河南人民出版社,1997年,第19页。

程"和朱熹。张载认为,人之性起源于太虚本然之性,太虚本然之性即天之性、天地之性,体现天理;人出生后具有各种生理特点和生活欲望,不同特点相结合,形成人之"气质之性"。"天地之性"纯粹至善,"气质之性"有善有恶,人性易被"气质之性"诱惑、遮蔽,人能够变恶为善,关键看"气质之性"的变化。程颢、程颐基本上继承了张载的人性二元论,他们指出"天者"为理性,"气者"为人欲,气有清浊,故人有善有恶,应"存天理,灭人欲"。朱熹对人性二元论进行引经据典,全面的论证,进一步完善,使其上升到社会伦理道德规范,影响巨大,成为明清时期"心性合一论"的理论基础。

晚清以来,中国封建社会没落,西方资本主义思想开始传入中国,资产阶级新文化与传统纲常理论发生严重冲突。在人性论上,思想界虽对西式思想进行了吸收,但仍未突破旧式人性理论的窠臼,只不过出现了"民主""科学""物竞天择""俱分进化"等新名词,人性仍旧依附传统,压抑在封建土地关系之中。新中国成立以来,中国建立人民民主政权,马克思主义人性论在全社会建立起来,以人的自由全面发展为目标的人性目标、教育目标成为社会主流发展方向。从此马克思主义人性论成为社会主流人性论。

三、马克思主义关于人性观的理论阐释

古今中外的思想家从不同学科、不同角度探索了人类本性,并取得了一定的成果,但深入研究发现这些人性理论存在明显的缺陷,即他们一般都离开社会关系而抽象地谈论人性,没有从人的现实性去认识人的本质。马克思主义在批判了黑格尔、费尔巴哈的人性理论的基础上,从现实的、社会的人出发,得出了关于人性的几个重要论断:一是人的类本质是人的自由自觉的活动;二是人的需要就是人的本性;三是人的本质在其现实性上是一切社会关系的总和;四是人的发展经历三个历史存在形式,人类社会发展的最终

目标是促进人的自由全面发展。

（一）人的类本质是人的自由自觉的活动

在《1844年经济学哲学手稿》中，马克思明确地从劳动和意识的自觉性区分人和动物，认为动物只能靠自身天然的条件进行本能的活动，没有选择自由，也没有劳动自觉的活动。而人类恰恰相反，"人的类特性恰恰就是自由的自觉的活动"①。

马克思这一论点包括了两层意思：第一，承认人与动物的共同属性——自然属性，认为人作为一种纯粹的自然存在物和动物一样，是一种纯粹的自然存在物，具有肉体满足和生物性的需要，因而不能抽象地谈论人和人性，必须把人放在其现实性上，必须考察"他们的活动和他们的物质生活条件"，这是人在"种生命"的基础上实现"类生命"的超越。人的自然属性这一事实要求我们必须承认人作为自然存在物的天赋、才能、欲望，承认"人来源于动物界这一事实已经决定人永远不能完全摆脱兽性，所以问题永远只能在于摆脱得多些或少些，在于兽性或人性的程度上的差异"②的基本事实。

第二，认为人高于动物，因为"动物和自己的生命活动是直接同一的。动物不把自己同自己的生命活动区别开来。它就是自己的生命活动。人则使自己的生命活动本身变成自己意志的和自己意识的对象"③。人与动物的最大差别在于，人的活动是有意识有目的的创造性活动，劳动使人脱离动物界，劳动实践不断推动人越来越远离自身肉体的直接统一性，不断实现提升自身对于自然、社会的实践自由自觉，创造超越自身的更高自由意志、目的和创造性。人的自由自觉活动是人特有的性质，人类本性通过自由自觉的

---

① 《马克思恩格斯全集》（第四十二卷），人民出版社，1979年，第96页。
② 《马克思恩格斯全集》（第二十卷），人民出版社，1971年，第110页。
③ 《马克思恩格斯选集》（第一卷），人民出版社，1995年，第46页。

实践活动不断生成,推动人类不断拓展生存的范围,推动人类文明走向深入。因而,人的本性是马克思主义理论的一个逻辑起点,从现实的人出发,承认人的自然性、自觉性、创造性是马克思主义人性观的基本观点,是马克思主义超越以往人性思想的根本原因。

(二)人的需要就是人的本性

关于人的需要就是人的本性,马克思、恩格斯有一系列论述。1844年,马克思在《詹姆斯·穆勒〈政治经济学原理〉一书摘要》中指出:"既意识到我的劳动满足了人的需要,从而物化了人的本质,又创造了与另一个人的本质的需要相符合的物品"①,在这里马克思将人的需要与人的本质联系起来。他在《1844年经济学哲学手稿》中进一步论证这一思想。他认为,人作为自然存在物,一方面具有生命力,另一方面又是受动的存在物,即人的需要、欲望外在于人,是人强烈追求的对象,是人的本质力量的体现,因而人的本质与人的需要具有内在同一性。马克思还指出,在资本主义社会,劳动的结果不是满足和增进人的需求,而是扼杀人的需求,使人的本质发生了异化,共产主义是对私有制下人的本质异化的积极扬弃,"在社会主义的前提下,人的需要的丰富性,从而某种新的生产方式和某种新的生产对象具有何等的意义:人的本质力量的新的证明和人的本质的新的充实"②,论证了人的需要对人的本质的充实。

在《德意志意识形态》中,马克思、恩格斯进一步明确阐述了人的需求就是人的本性思想。他们指出,人类社会历史的第一个前提是:人为了生活,首先需要衣、食、住和其他生活资料,人的需要是人的历史活动的前提。在

---

① 《马克思恩格斯全集》(第四十二卷),人民出版社,1979年,第37页。
② 《马克思恩格斯全集》(第四十二卷),人民出版社,1979年,第132页。

现实社会中,人的许多需求,"在任何情况下,个人总是'从自己出发的'……由于他们的需要即他们的本性,以及他们求得满足的方式,把他们联系起来(两性关系、交换、分工),所以他们必然要发生相互关系"①。在这里,马克思、恩格斯明确指出了人的需要是人的本性,指明了人的需求本性是人的全部生活的动力和根据。在1867年《资本论》中,马克思指出,要研究人的一切行为和活动,"就首先要研究人的一般本性,然后要研究在每个时代历史地发生了变化的人的本性"②,这就说明,事物的价值不仅取决于事物本身,而是主要取决于人的需要,即取决于人的本性。

(三)人的本质在其现实性上是一切社会关系的总和

对于什么是人的本质,马克思在《关于费尔巴哈的提纲》中已明确提出,他认为"人的本质并不是单个人所固有的抽象物,实际上,它是一切社会关系的总和"③。马克思的这个关于人的本质的经典论断是建立在人与动物的根本区别在于其自由自觉的劳动活动以及人的需求的满足需要人们结成"他们的相互关系"的逻辑关系之上的。首先,马克思肯定了人性不是抽象的,而是具体的,具体性体现在人的本质的现实性,即人的现实的社会关系上。马克思认为,人具有社会属性,人若是脱离社会关系,就回归到单纯的动物属性,不能拥有人之所以为人的根本属性,人只有在具体的劳动结成的关系中才能找到其本性,因而研究人性必须立足人的现实性上,而不是立足"先验性"和"抽象性"。其次,人的本质由社会关系所决定。马克思指出,人总是依附一定的生产关系,考察人的生存状态,需要考察他所处的生产关系,即"他们是什么样的,这同他们的生产是一致的——既和他们生产什么

---

① 《马克思恩格斯全集》(第三卷),人民出版社,1960年,第514页。
② 《马克思恩格斯全集》(第二十三卷),人民出版社,1972年,第669页原注。
③ 《马克思恩格斯全集》(第三卷),人民出版社,1960年,第5页。

一致,又和他们怎样生产一致"①。生产关系决定人的质,其他社会关系决定人的量的特性,生产关系居于各个社会关系的核心地位,只有从生产关系的角度来考察人性,才能真正地揭示人的本性。对此,马克思进行了形象的举例,他在《雇佣劳动与资本》中指出:"黑人就是黑人。只有在一定的关系下,他才成为奴隶。纺纱机是纺棉花的机器。只有在一定的关系下,它才成为资本。脱离了这种关系,它也就不是资本了,就像黄金本身并不是货币,砂糖并不是砂糖的价格一样。"②这就说明,黑人只是从人种上划分的,而黑人之所以成为奴隶,是由其生活的特定社会关系决定的,所以一个人的本性如何,需要深入其社会关系中进行考察,离开了社会性考察,不能真正地理解其根本属性。

(四)人的自由全面发展是未来社会发展的目标

马克思认为人性不是固定不变的,而是随着物质条件的提升而不断发展变化的,对于人性的这种历史性、可变性,马克思也进行了明确的论述。在《政治经济学批判大纲(草稿)》中,马克思把社会历史形态划分为前资本主义社会形态、资本主义社会形态和共产主义社会形态三种社会历史形态,在这三种历史形态中,人的发展也形成了三种依赖形式,并历史地发展了自己的本质。这就是:人的自然状态的依赖关系(第一大形态),"以物的依赖性为基础的人的独立性"(第二大形态),"建立在个人全面发展和他们共同的社会生产能力成为他们的社会财富这一基础上的自由个性"③(第三大形态),与此相对应的,人的本性也经历了三个阶段——群体本性、个体本性、

---

① 《马克思恩格斯选集》(第一卷),人民出版社,1995年,第68页。
② 《马克思恩格斯选集》(第一卷),人民出版社,1995年,第344页。
③ 《马克思恩格斯全集》(第四十六卷)(上册),人民出版社,1979年,第104页。

类本性。①这三种人性形态的转变以物质条件的提升为基础。

在人性的第一形态中，由于原始社会生产力和生产工具的低下，原始状态的群体本性一方面依附自然界而存在，另一方面依附群体部落而生活，人的独立性、能动性和自主性较低，是在"狭隘地域"生活的"狭隘人群"，人的需要是"自然化"的需要，人完全依赖自然和血亲关系。随着生产力水平的提高，生活资料的充裕，人类原始阶段的自然依赖和血亲依赖逐渐被社会阶级关系依赖所代替，人划分为不同的阶级，出现统治和被统治的关系，奴隶制、封建制的人身依附关系成为社会主要结构形态，人与人之间的关系一方面受制于自然界，另一方面受制于阶级社会，人的个性、自由性受到压制，个人意识处于萌芽阶段。进入第二形态，工业生产和商品经济瓦解了封建政治经济制度，社会形成资本家、工人、市民、无产者等从封建依附束缚挣脱出来的独立个体，人的存在形式由群体存在向独立个体存在转变，个体在自由、公平的原则下展现自身价值，获得自身的独立性、自由性，充盈了个体个性。但是，随着资本主义的发展，物和金钱开始主宰一切，人普遍被异化，人和人的社会关系紧紧被束缚在物的依赖关系上，人性被物的关系所扭曲，人在这种社会形态下片面发展。共产主义人的全面自由发展是第三形态，在这一形态，人真正实现了自由个性，人性得到极大的满足和完善。"在这一阶段，一切形式的拜物教被克服了，个体与类之间的矛盾得到了解决，人与自然之间、人与人、人与自身的关系达到了和谐统一，人作为真正的人全面地占有了自己的全面本质，成为完整的人。"②在第三形态的人性阶段，人全面占有自己的本质，人向自身、社会复归，这一阶段的人性实现是人类社会发展的终极理想和目标。

---

① 王志刚：《人性本性与社会秩序》，吉林大学博士学位论文，2007年，第52页。
② 艾福成：《马克思关于人的类本质理论及其意义》，《吉林大学社会科学学报》，2000年第4期。

马克思主义关系人性理论从唯物史观出发,通过劳动、实践和人的现实性等方面论证了人具有自然属性、社会属性和精神属性,三种属性缺一不可,共同构成完整的人;指出了人性发展的三个阶段——人的依赖性、独立性、自由个性,肯定了人性是可变化、可充盈和可发展的,这为社会创造全面自由发展提供了理论指导,为我国建设和发展"以人为本"的社会主义社会,构建和谐的、人性的社会提供了方向,符合人类社会发展规律。

第二节 人性对社会秩序和社会发展的影响

综观人类社会发展史,我们发现,人类结成群体进行发展的根本原因是人要获得资源以满足自身生存的发展,并在此基础上不断要求获得更高层次需求的满足,以实现自身舒适、幸福、愉悦的生存和人的个性充分发展。因而在这里,推动人类社会发展的主线有两条,一是人或人的本性的方面的满足,二是生产力推动生产关系变革的矛盾运动(从某种意义上讲,这一过程也是人化自然和人化社会的过程)。第一条是从人的生物性角度来解释社会发展动力,第二条是从社会运动变化发展的规律来说明社会文明发展程度,最终的目的实现相应社会制度下人的生存质量的提升和人性的不断充盈和满足。

一、人类社会的发展是一个不断追求"人性"化的过程

适者生存的法则不仅简单地指人的自然生存,从概念的与时俱进性来解释,它具有生存程度和生存质量高低的区分。人类社会发展到今日取得的成果,是不断改变自身生存环境,人的本质力量不断增强的结果,是一个

"人性"化的过程。"人不仅是人类历史发展的前提和目的,甚至是人类历史发展过程本身,人的发展与社会历史的发展是同一过程,即人们的社会历史始终只是他们的个体发展的历史。"①

　　首先,人类社会发展是一个不断丰富人的物质需求的过程,满足人的自然属性。劳动使人从动物界脱离出来,人类有了自己的语言,能直立行走,能制造和使用工具创造和提升自己的物质生活,满足人类的物质需求。人类通过自己的劳动推动生产力的进步,从采集、渔猎、农业、工业到后工业、信息化,人类不断拓展和深化自然生产力,创造出高楼大厦、汽车、飞机、丰富生活物品和各种自然界没有的人造物,极大地丰富了人的物质需求,使人性的发展在很大程度上摆脱了物质资源和自然属性的限制,为人的自由发展创造基础。

　　其次,人类社会的发展也是一个不断创造社会联系,不断充盈人的社会属性的过程。在社会经济、政治和文化联系中,人不断获得自由、公平、民主、协作等精神,在一定程度上满足了人的权力欲。从人的生存价值和意义上看,人类本性追求个人的自由和平等。对此,哈耶克指出,个人主义文明的特征"就是把个人当做人来尊重;就是在他自己的范围内承认他的看法和趣味是至高无上的"②。承认"他的看法和趣味"并不仅仅是一种社会现象,它暗含了人作为独立存在是与其生活的社会条件、社会关系、社会地位联系在一起的,反映的是一种个人差别基础上的社会平等和人格的自由。因此,在人类社会发展的"合目的性"之一就是摆脱了奴隶社会、封建社会、资本主义社会的社会不平等和阶级压迫,实现人在政治经济领域中的自由、平等和

---

　　① 陈迎、胡海波:《马克思人性观的三重维度及其内在张力》,《理论月刊》,2018年第3期。

　　② [英]弗里德利希·冯·哈耶克:《通往奴役之路》,王明毅、冯兴元等译,中国社会科学出版社,1997,第21页。

协作。

最后,人在社会发展的过程中不断创造着文化和文明,不断满足人对真、善、美的追求和精神创造性需求。人生活的幸福愉悦最高表现是精神的满足,人类社会在创造物质文明的同时,不断创造与之相适应的技艺、文化、思想、文明等精神产物,不断促进人的创造性、能动性的发挥,提高自身生命质量,增加生活的乐趣和生命的乐趣,丰满人的文化和人格。

总体来讲,人类社会的演进是一个"以人为根本"的合目的性的发展过程,人性化是其发展方向,技术进步一方面体现了人的本性的创造性,另一方面也创造了丰厚的物质财富,解放了人的力量,拓展了人的视野,成为促进人的发展的关键因素。

二、人类本性是社会文明秩序建构的基础

弗洛伊德认为,"文明只不过是意指人类对自然之防御及人际关系之调整而造成的结果、制度等的综合"①,这说明人类根据自己的生存需要和社会需要创造文明,并推动文明制度变迁。

(一)文明秩序的建构方式——人类本性的竞争与合作

总的来说,人类主要通过竞争与合作的方式展开历史活动,每个人都希望在有限资源内获得最大利益。这里的"竞争"不仅仅指人与人之间的竞争,还包含人与自然间的获取与满足的关系。竞争突出表现为人的动物性和进攻性,竞争的主题是获得资源。随着资源的可获得性不断拓展,人的物

---

① ［奥地利］西格蒙德·弗洛伊德:《图腾与禁忌》,杨庸一译,中央编译出版社,2009年,第11页。

质生存性的竞争越来越弱化，社会性和个体内在理性显现。合作也是一种社会关系，目的是获得大于个人的集体力量来拓展人的本质力量，以求持续获得生存资料，人类早期的生存性合作表现出人的社会性和自我理性。竞争与合作的动态变化推动着社会文明秩序的建构，社会文明是人类社会进入高级阶段的社会的象征，它标志着在此阶段人的本性脱离了自然秩序，摆脱弱肉强食的生存法则，进入了以"利益分配"为核心的秩序当中，产生权力分配、经济利益获得和文化创造和消费等关系，因而一个社会的经济政治关系的建构是在人与人之间的竞争与合作产生和发展的，它要求每一个人的逐利性、逐权性在相对合理的规则和秩序下追逐最大收益，要求人要获得生存，必须具有某种程度的利他性和道德性。因此可以说，正是在人的自利、竞争与合作的互动中，人类的政治、经济和社会等文明秩序才得以不断推进。

（二）社会理性规范的目的是管理人类本性并实现社会整体进益

人类的本性——要生存、繁衍，保全和传递人类基因，驱使着人类不断改善生活、生产方式，改善人类社会的组织形态，不断发展更高的人类文明。任何社会的政治、法律制度的安排和推行，包含着对人性的设定，最终的目的是限制人的恶的本性，维持社会秩序，实现最大化的社会群体生存。

如前所述，人类进入文明秩序后，基于竞争与合作的关系，构建了与生产力相适应的理性规范来规范人的行为，理性规范主要包括宗教、法律、道德以及政治、经济、文化、社会等领域的基本活动规则，目的是避免个人和集体出于私利的行为而做出损害他人的社会损益现象。理性规范对个人来讲是对人性的限制，而对社会来讲，是对社会群体的保护。人性服从德性是人类诞生文明以来对人性的一致要求。正如福山指出："进化博弈论告诉我们，任何社会都是由天使和恶魔共同组成，更确切地说，是由善恶共存一身的人所组成的。"①因而，"惩恶扬善"需要一定的理性规范来引导。如礼仪作为一种约束人的制度，其繁杂的程序和道德性要求，限制人的动物本性，迫使人遵从社会习俗、规范，从而实现社会团结和稳定。每一种社会形态中的道德、法律、宗教等都是为了使整个社会进行合作，促进社会秩序的长治久安。

三、人性之恶引发社会冲突与战争

自从人类进入社会以来，社会冲突、暴力、动荡和战争一直夹杂在社会和平与安宁之中，有时还非常惨烈，甚至还有毁灭人类的危险。从已有关于社会冲突的理论来看，社会冲突产生的原因首先是因为利益争夺与分配而起，而后随着人类文明程度的提升，宗教、文化与信仰的意识形态成为个人与社会、民族与国家间的冲突的主要形式，其间也夹杂着利益冲突，甚至利益冲突是根本原因。社会冲突最激烈的方式是战争，它给人类社会带来灾难性的后果，给社会的物质和精神造成深刻的伤痛。

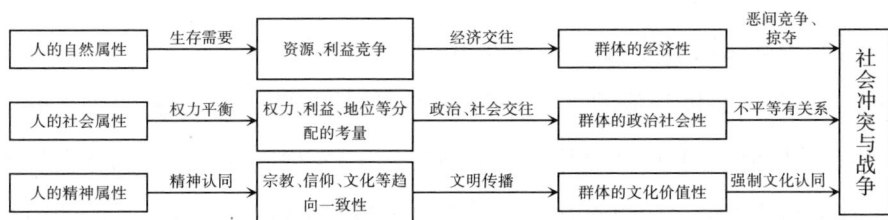

图1-1　人性与社会冲突、战争的关系

争夺资源、社会地位、社会权力是人类的本性，排除异己、实现价值的自

① ［美］福山：《大分裂：人类本性与社会秩序的重建》，唐磊译，中国社会科学出版社，2002年，第178页。

我认同也是人的本性,人与集体的自私自利性造成了人与人之间、社会与社会之间的关系紧张,甚至成为"势不两立"与"不共戴天"的战争诱因。从更深层次看,人性之恶引发社会冲突与战争是在三个层面展开:从个人与社会的层面上看,民族区域内的单个意志与社会存在冲突,表现为个人的社会破坏性。福山认为,任何社会都是由"天使"与"魔鬼"组成,"天使"和"魔鬼"的比例决定着社会合作的程度,"魔鬼"恶的方面表现为投机取巧、利己主义和社会不合作,大量"魔鬼"的欺骗和利己行为导致社会的不稳定,产生社会攻击和社会破坏行为,从而引发个人与社会之间的冲突。从社会层面上看,民族区域内的公共意志之间存在冲突,表现为不同利益集团的社会运动与社会暴力冲突。自人类社会产生阶级以来,以经济利益为基础的社会矛盾冲突始终存在社会发展之中,出于权力欲望、经济利益、社会秩序的需要,社会的奴役与反奴役引发大规模的社会冲突与暴力。从国家层面上看,以国家意志为单位的民族区域间存在着因宗教与文化认同、资源利益掠夺、种族歧视与傲慢引发的战争。

从某种程度上讲,个人层面、社会层面的社会冲突与矛盾带有一定的理性色彩,但涉及国家利益与民族利益,理想主义被一定程度上压制,国家的进攻性、种族认同的非理性、宗教文化的同一性的非理性主义被放大,尤其是在文明发展程度较低的社会形态表现得比较明显。例如,种族主义群体间的各种憎恨和偏见,文化价值认同的冲突,引发种族群体意志的冲突的失控,冲突和斗争的目的以至达到不消灭对方誓不罢休的地步,二战时德国纳粹对犹太人歧视以及日本对中国人、东南亚民族的歧视与杀戮是典型的案例,以至于鲍曼在《现代性与大屠杀》中认为人类本性是战争的祸源——"往最坏处说,大屠杀牵扯到人类一种原始的、在文化上无法磨灭的'自然的'禀性——比如洛伦兹提出的本能攻击性,或者阿瑟·库斯勒提出的不可以用新大脑皮层控制的大脑中古老并受情感支配的那个部分"①。

当然,人性之恶给社会带来的不总是消极作用,它在一定程度上也促进了人类社会的进步,"正是人的恶劣的情欲、贪欲与权欲成了历史发展的杠杆"②,人类原恶的内在驱动力经过情感的直觉进行升华、转化,成为一种能够被理性制约的力量,从而成为利人利己的促进社会发展的力量。

第三节　现代社会的人性场域转变及人性基础的改造

技术推动社会进步,20世纪互联网技术的兴起与迅猛发展,深刻改变了工业社会时代的社会发展结构,尤其是互联网技术与现实社会的深度融合,重构了人类社会的政治、经济、文化等社会发展生态环境,给人类描绘了新图景。在这样的背景下,人类本性出现了新的变化,首先表现为人性的实践场所发生了巨变,虚拟、平等、开放、匿名交往的虚拟现实空间为人性的发展提供了新的可能。

一、互联网技术推进社会结构转型

互联网技术的发展是美苏冷战的产物,经过20世纪后半叶和21世纪早期的发展,由互联网技术打造的网络社会及其基本要素已经成熟,而且在当代,网络技术发展的更新速度、新扩展的社会领域、技术间的融合已经达到

①　[美]鲍曼:《现代性与大屠杀》,杨渝东、史建华译,译林出版社,2002年,第22页。

②　黎鸣:《问人性》(上卷),团结出版社,1996年,第111页。

前所未有的高度，网络社会成为人类生活的"第二空间"，实现了与现实社会的深度连接，社会结构彻底被重组。

从社会形态演进的历史规律的角度来讲，互联网技术代表了人类经验获得的根本性质变化，它塑造了一个与以往任何社会不同的全新的"技术-经济范式"——信息化经济技术范式。这一技术范式的基本特征是信息取代能源成为行动的"关键因素"，人类的生产、经验、权力与文化等人类文明通过互联网信息快速地聚合与传播，变革了商业交往方式、政治交往方式和社会交往方式，重构了我们的经济结构和社会形态。

从经济与社会的结构变化上看，从20世纪90年代开始，世界经济社会发展发生了重大变化，经济、文化的生产与交易出现了信息化、全球化和网络化趋势。20世纪70年代以来的信息技术革命嵌入人类社会领域的主要路径有两条：一是从大众媒介路径侵入，互联网技术从最初的私人间的电子邮件、即时通信到公共领域的网络社区、网站论坛，再升级为在社会民众领域广泛运用微博、微信、各具特色的自媒体APP（手机软件）等超级网络公共社区，以此形成人类社会的虚拟化交往。二是由经济动力强势嵌入社会生产——在社会"多样化需求——虚拟交易"不断升级的推动下，经济与社会互动首先通过"互联网+"零售业的产业兴起，迅速传递到与人们息息相关的第三产业，进而实现三次产业联动，最终覆盖全产业，实现全产业的网络化。与此同时，在社会交往虚拟化、经济交往网络化的基础上，网络技术与大数据、人工智能、云计算、AI等技术融合，实现了人类生存的智能化，智慧城市建设成为人类生存和发展的方向。未来，随着"技术、经济、文化、制度"等社会发展范式的快速升级，人类虚拟与现实的生存边界越来越模糊，虚拟化、智能化存在淡化成为人类生活的无形背景，人类社会结构在此意义上被重构。在这里，网络技术不断发展有一个不可忽视的逻辑前提，即网络技术持续发展的根基要求社会以新的"文化—制度"的形态予以巩固，并在新基础上实现新发展,这是人类社会自诞生文明以来的基本规律和基本经验。

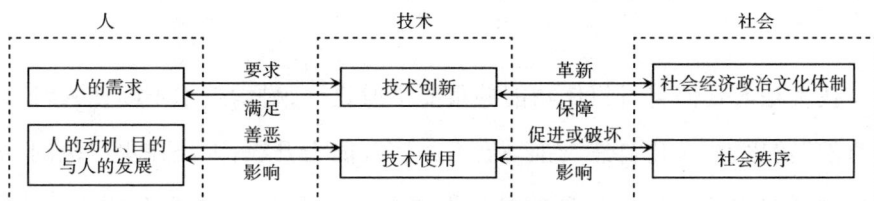

人		技术		社会

人的需求 ←—要求/满足 善恶—→ 技术创新 ←—革新/保障—→ 社会经济政治文化体制

人的动机、目的与人的发展 ←—影响—→ 技术使用 ←—促进或破坏/影响—→ 社会秩序

图1-2　人、技术、社会相互作用关系

可以说到目前为止,互联网技术自诞生以来所固定下来的"文化—制度"并不像农耕文明时期的慢文化、工业技术革命带来的较慢文化那样,使社会和生活于其中的人有充分的时间去接受和适应,也不像前两种文明那样,有足够的时间来进行制度设计和安排,确保相应技术的发展。在网络信息时代,互联网技术、人工智能技术作为新生事物,最大的特点是技术升级迅速。如我们所见,互联网和人工智能技术从广泛使用到现在人类生活的全覆盖也只不过短短20年的时间,人作为网络与智能技术的使用者,其自身需求与自身的物质性、精神性的适应在面临一年一变或者几天一变的新技术时,感到无从下手、应接不暇,整个社会更是如此。因此,到目前为止,互联网技术发展所需要的"文化—制度"还未成熟,还在形成与发展过程之中,人如何适应网络化、智能化社会所需的知识及能力还不够丰富,政府与社会对网络社会的认识和管理还不能应对自如,网络社会文化还未形成较有价值的文化沉淀。正如英国文学家狄更斯描述工业革命发生后的世界,网络社会时代同样"是最好的时代,也是最坏的时代"。

二、网络社会中人性的虚拟场域建构

技术是人延伸自身机体功能的重要手段之一，科学技术不断使人将"自在自然"转化为"人化自然"，推动着人的实践能力升级，人类在更广范围、更深层次满足自我生存和发展的各种需要。迄今为止，人类社会的技术革命经历了冶铁、四大发明、蒸汽机和电力的广泛应用，推动了人类生存方式的根本性转变，而电子计算机技术在此基础上又将人类从机械化生产提升到自动化生产，人的本质力量不断增强，人类本性在一定程度上摆脱了物质资料的束缚，实现了相对的人性解放和自由。

(一)互联网对人性场域的技术支持

互联网技术作为第四次工业革命的基础性技术，彻底改变了人类的生存场域，虚拟生存成为人类生活的现实背景，为虚拟化人性的产生和发展提供了技术场域的支撑，而其他突破性的新兴技术促使人性场域不断升级，自动化、智能化、虚拟化的人性向历史深处发展。

1. 互联网技术推动了生存场域的虚拟现实化

尼葛洛庞帝清晰地阐释了数字化社会建构的过程，结合现代网络技术的更新和发展，简单回顾这一过程：比特作为信息的最小单位将文字、声音、图片、视频等转换成数字化信号或符号被储存，或通过光纤被传送到每个信息接收器，如网盘、各种形式的可接收信号的电脑、移动设备，实现文字、声音、图片、视频在光纤内的传播，这种传播无时间、物理空间限制，只要设备能连接网络信号即可，实际上是一种信息的传播，这是网络技术发展的最初形式。网络技术的产生，首先打破了信息传播的纸质媒介性，实现了在虚拟空间的流动和传播，其次打破了传统电视、广播信息传播的单向性，实现了信息双向和多向的流动和互动。但是,互联网技术的作用远非如此。随着社会生产和生活的需求,网络技术研发了更稳定、范围更广、功能更完备的虚拟现实技术,主要有以下三种类型的技术升级:第一,出于工具性的需要,网络技术延伸了各种办公和生产性的网络系统;第二,出于社会生活的需要,网络技术延伸了各色各类的生活服务与便捷服务的应用软件;第三,作为对工具性需要和生活服务类需要,研发出更稳定流畅、更高效便捷、更高质量的技术支撑,如大数据、云计算、5G 网络等技术。互联网的数字特性造就了网络社会空间的超连接、超时间、超地域、超现实的虚拟性,并伴随虚拟活动领域与现实生活领域越来越融合,人性越来越表现为虚拟现实性。

2. 现代新兴突破性技术对人性的虚拟现实场域加权

正如克劳斯·施瓦布在《第四次工业革命》中指出的一样,我们尚未完全了解所面临的第四次新技术革命的速度和广度,"移动设备将地球上几十亿人口连接到了一起,具有史无前例的处理和存储能力,并为人们提供获取知识的途径,由此创造了无限的可能"[①]。新兴突破性技术不断涌现,涵盖了人类活动的关键领域,诸如人工智能、机器人、物联网、无人驾驶技术、3D 打印、量子计算、纳米技术等技术创新在互联网技术的推动下,不断与社会生活、原有技术融合,实现了社会商业模式、社会沟通、信息获取、娱乐方式、社会管理方式、社会服务方式等重塑和升级,改变着人类赖以生存的经济、社会、文化和环境,人类本性在高科技作用下会发生怎样的变化还有待进一步观察和研究。

---

① [德]克劳斯·施瓦布:《第四次工业革命》,李菁译,中信出版社,2016 年,第 1 页。

(二)互联网技术对人性的基本特性的赋权

从互联网技术对人类本性的作用方面研究,总的来说,互联网技术赋予了人前所未有的权利。从物质财富的丰裕程度来看,互联网技术在原有社会生产方式的基础上改变和造就了新的经济发展方式,社会财富以前所未有的方式进行创造、流动和分配,互联网的技术红利在很大程度上提升了人的生存能力,赋予人丰厚的物质基础。从民主政治发展的角度看,互联网技术赋予了民众更多的话语权和自由表达权,传统的精英治理模式被打破,社会权力结构下移,人的民主、平等、自由意识得到了前所未有的提高,人类追求权力的本性得到一定程度的满足。从精神特性的满足看,网络内容极大丰富,网络内容最大的特点是创造大众喜闻乐见的创新性内容,内容的娱乐性、新奇性、更新速度以及对社会生活的覆盖广度给各行各业、不同兴趣爱好的人带来精神满足。网络游戏、网络文学、网络情感交往给人带来前所未有的轻松感、释放感和发泄感,缓解了现实社会给人带来的精神压力和精神焦虑。卡斯特预测,在后工业社会中,文化服务将取代物质财富在生产中的核心地位,捍卫主体的人格和文化,对抗机关和市场的逻辑是未来社会发展的趋势。①这表明,在信息化社会,技术特别是网络技术对人的主体性满足、文化性满足成为社会成员首要关心和首要解决的问题。最后,从人的本质力量和人的创新需求看,网络技术解放了人的本质力量,增强了人的创造性能力,为社会创造极大的精神和物质财富。人类的求知欲和创造欲是人得到高质量发展的重要标志,网络技术带来亿万民众的信息交流和交往,创造了极其丰富的知识与信息,造成了知识、经验在全社会成员中的传递和学

① [美]曼纽尔·卡斯特:《网络社会的崛起》,夏铸九、王志弘等译,社会科学文献出版社,2001年,第27页。

习,开阔了人的视野和知识水平,提高了个体的创造能力,极大地提升了人的学习能力和学习价值,创造了精神上更完善的人。

三、虚拟空间中的人性的复杂性

著名的传播学家麦克卢汉断言:"任何技术都倾向于创造一个新的人类环境"[①],互联网技术同样创造出这样一个新的人类生活环境,它使人从现实生存提升到人的技术性和数字化生存,将人类社会带入了一个虚拟现实存在的生存环境。在这一生存环境中,人的独立个性凸显,社会呈现个体化趋势。因此,网络技术一方面促进了人的整体性满足,另一方面个体化趋势也使得人类本性——无论是善的还是恶的——充分展现,人性的复杂性表现得淋漓尽致。

网络社会空间呈现感性化趋势。刘少杰认为,信息化社会的"透过本质看现象"的浅薄思维方式,在社会生活中已经展开。人的注意力容易被生动的、具象的表达所吸引,网络社会生动地展现了一场"视觉文化革命",人的思维在这场具象革命中实现了从文字的理性表达的思维方式转化为感性化表象思维方式。[②]群体的网络交流在具象关注下,感性意识逐渐增强,对网络特殊事件表现出感性化的表达——赞美与嘲讽、调侃与抨击、谣言与段子等直接形式,在匿名的保护外衣下,感性思维、非理性输出成为人的首要的本能选择。

网络社会空间表达带有明显的"情感化、情绪化"特征。情感是"带有目的性的现象",通过研究大量的网络事件发现,在网络表达方面,民众热议的

---

① [美]理查德·A.斯皮内洛:《世纪道德——信息技术的伦理方面》,刘钢译,中央编译出版社,1999年,第1页。

② 刘少杰:《网络社会的感性化趋势》,《天津社会科学》,2016年第3期。

公共主要事件以社会民生为主题，个人带着"情绪"体验参与，舆论表达带有明显的焦虑、愤怒和同情情绪，对社会不公、弱者的代入感强烈，仇官仇富的泄愤、咒骂与谴责的暴戾之气盛行。朱代琼、王国华认为，网络社会情绪爆发的过程是民众情绪能量扩散的过程，情绪作为对主体有特殊意义的内驱力，带有需要、动机、目标和期望等强烈目的，[①]它既包括戏剧性的情绪体验，也包括"平淡无奇的情感"，渗透在民众的日常生活之中。情感能量的传递通过网络公共领域中的个人与群体在一定时间内的高频互动，推动信息的传播和大众情绪的输出。在此过程中，信息的准确性降低，渲染性增加，网络谣言产生，网络群体由于缺乏理性、判断力，容易被误导，轻信、偏执、保守和冲动表达，网络暴力、网络舆论漩涡产生。民众的网络情绪不断叠加，希望政府从中起到公平公正的作用，当这些期望没有得到满足，社会集体情绪爆发，影响社会的稳定。

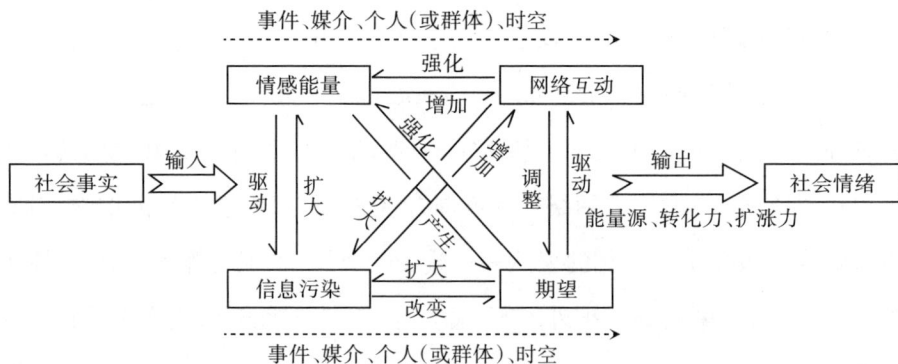

图1-3 朱代琼、王国华的社会情绪"扩音"机制模型

网络空间的人性很大程度上表现为情绪、动机，人们的悲欢与共、相亲

---

① 朱代琼、王国华：《基于社会情绪"扩音"机制的网络舆情传播分析——以"红黄蓝幼儿园虐童事件"为例》，《西南民族大学学报》（人文社科版），2019年第3期。

相爱及恶语相向都是现实生活中的人际互动在网络上的人性表现与放大。网络动机在网络平等、开放与匿名等特性保护下,以"浅薄"的感性意识与非理性情绪化进行表达,叠加网络空间的价值规范的缺位和自我意识的增强,使得网络成为人性狂欢的场域。

第二章　网络社会形态中的人性考察

时代在发展,生长在一定物质基础和制度基础上的人性也在发展。伴随着网络信息技术的广泛应用,人类社会的生存发展发生了革命性的变化,人的生活领域不止在现实世界拓展,也在精神世界实现了突破性变革,即网络技术将思想领域内的虚拟世界转化为现实,人类的本性在此基础上实现了进一步发展。从理论发展的历史脉络上看,弄清楚网络中的人性范围、发展程度、发展新内涵是研究网络时代人性论的关键和核心内容,只有在认识了网络时代人性的基本内容后,才能对网络技术与人性之间的关系作出客观公正的评价。因而,本章节主要从网络交往的内容、结构与原则,网络背景下人性的影响动机,网络社会中的人性结构以及网络人性与现实人性的区别与联系等基础方面进行考察,以此获得对网络时代的人性的全面认识。

第一节　网络社会形态中的人际互动

马克思认为,人作为一个社会性动物,需要结成不同社会关系才能生存,关系是人与人之间进行互动的标识。自人类进入文明社会以来,人类本性一方面表现为带有动物痕迹的自然属性,更重要的表现为人的社会属性和人特有的精神特性。人的社会性和精神性是在人的劳动的基础上不断形成的,劳动结成社会关系,因而要考察人的本性必须回到人的社会关系中去考察,即必须考察人与人之间的互动以及由互动结成的社会形态、社会结构、社会内容以及互动原则等方面的内容。

一、网络社会空间的交往概况

"人际互动是人与人之间在社会空间中的沟通与交流过程,即人与人之间传递信息、沟通思想、交流感情和交换资源的过程,交流、沟通、交换与互动是人之所以成为人的一个基本特质。"[①]网络通信技术作为沟通交流的数字媒介,建立了一个超时空、超地域、超社会阶层的公共交往空间,促使人以双方"身体不在场"的形式进行信息间的思想碰撞,从而形塑了一个全新的交往空间。随着网络与现实社会的深度融合,这一空间中的人际交往不再仅仅是私人领域的专属化,而是形成了一个较为成熟的社会运行体系,是"具有机械团结和有机团结特质、社区与社会二元交织的新社会形态"[②],因而,考察网络社会的结构纹理和运行逻辑是考察网络社会形态的逻辑起点。

(一)网络社会的交往规模

据中国互联网信息中心统计,截至2024年6月,中国网民规模达10.92亿人,较2022年12月增长2480万人,互联网普及率达77.5%,较2022年12月提升1.9个百分点。其中,手机网民规模达10.91亿,占总网民的99.9%(见图2-1)。从我国互联网社会近10年发展历程来看,在政府顶层设计和各项

---

①　黄少华:《网络空间的社会行为——青少年网络行为研究》,人民出版社,2008年,第127页。

②　黄少华:《网络社会学的基本议题》,浙江大学出版社,2013年,第49页。

政策的推动下,网络基础设施不断完善,网络技术向各行业延伸,网民整体规模不断扩大,现在中国有近八成的人口使用网络。

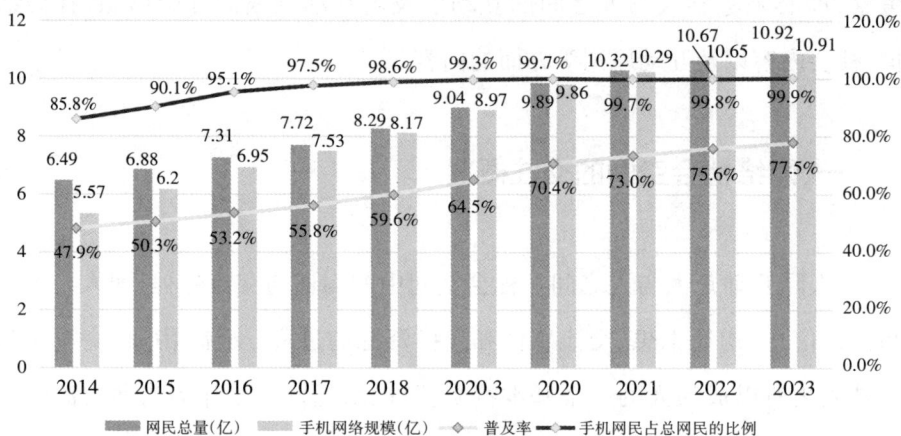

图2-1　2014—2023年我国网民总量及普及率、手机网民规模和其占网民比例

数据来源:根据CNNIC第34、39、41、43、45、47、49、51、53次《中国互联网络发展状况统计报告》统计数据制作。

(二)网络社会交往主体状况

就网络社会参与主体的参与年龄分布而言,截至2023年12月,除了10岁以下的儿童在整体网民中的占比低于10%以外,其他年龄段网民在整个网民结构中分布比较均匀,大致维持在15%左右(见图2-2),其中30—39岁网民群体占比最高,达19.2%,50岁以上的网民达到32.5%,比2020年3月高15.6%,这表明互联网正持续向中高龄人群渗透。

就网民的数字素养讲,为弥合网民的数字鸿沟,工信部、中央网信办对数字弱势群体进行了专门的、常态化的培训,培训效果显著,截至2023年12月,半数以上网民的数字素养与技能达到初级水平,20—29岁青年群体掌握得最好,这为网民更好地参与网络活动提供了知识与技能支撑。

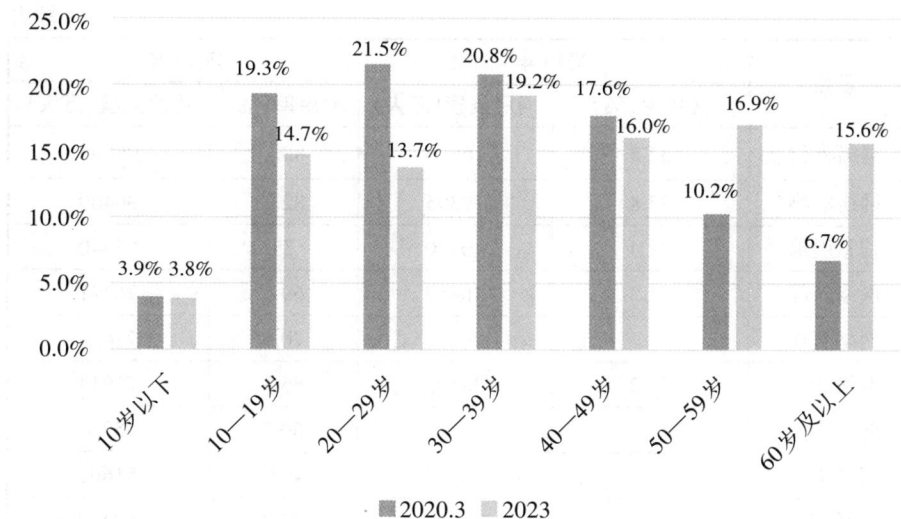

图2-2　2023年12月我国网民年龄结构

数据来源:CNNIC第53次《中国互联网络发展状况统计报告》。

(三)网络社会交往的内容构成

随着数字技术与实体经济与人们日常生活深度融合,互联网在休闲娱乐、信息交流、日常办公、商务交易、公共服务等多个领域中的应用不断深化,涌现大量适人化的应用APP,而且网络技术不断迭代升级,叠加区块链、大数据、人工智能等前沿技术,推动信息社会向数字化、智能化、全息化方向发展。

表2-1　2011年与2023年中国网民上网行为情况对比

项目	2011年		2023年	
	使用率(%)	网民规模(万人)	使用率(%)	网民规模(万人)
即时通信	80.9	41510	98	107787
网络视频	63.4	32531	97	106796
短视频		36230	95.5	105037

项目	2011年		2023年	
	使用率（%）	网民规模（万人）	使用率（%）	网民规模（万人）
网络支付	32.5	16676	88.1	96885
网络购物	37.8	19395	82.3	90460
搜索引擎	79.4	40740	75	82440
网络新闻	71.5	36687	69.5	76441
网络直播			70.6	77654
网络音乐	75.2	38585	66.3	72914
网上外卖			50.3	55304
网络文学	39.5	20267	46.9	51602
网约车			45.7	50270
在线旅行预订	8.2	4207	45.2	49721
互联网医疗			33.2	36532
网络音频			29.1	31976

数据来源：CNNIC第29、53次《中国互联网络发展状况统计报告》。

通过对比2011年与2023年的网络虚拟发展状况，我们可以发现，以即时通信、搜索引擎、网络新闻为代表的网络空间的信息传播功能增强，网络空间社会互动性进一步增强，网络成为人们获得信息、参与社会的主渠道；以网络直播、短视频等自媒体的出现为契机，网络的创新性、娱乐性、灵活性以及与现实生活的融合度等特征进一步丰富和凸显，网络的个体化发展趋势明显；网络音乐、网络文学、网络视频等娱乐方式的发展，表明网络的传统功能——丰富人的体验，创造轻松、愉快的精神满足，是人们稳定参与在网络空间的现实需要；网络购物、网络支付等功能的巨大发展以及网络外卖、在线教育、网约车、在线办公、互联网医疗等新事物的出现表明，网络正以前未有的速度融合人的现实生活，创新并创造着人的新生活、新体验，网络正以比以往社会形态更新更快的速度带领人类社会进入新的发展阶段，人的适应性、人的生活正以"令人眩晕"和"眼花缭乱"的方式推进。

从网络社会的兴起到目前为止,网络经历了一个功能简单到深度融合现实社会,建构成一个异常复杂的巨大系统的过程。在这一过程中,网络交往的内容在技术创新与人的需求双向作用下不断丰富,人在此过程逐渐剥离了现实存在性,经历了从纯粹网络虚拟极致体验空间到以现实为主、以虚拟为辅的实际生活,从而丰富了自身感性体验,释放了人在现实社会的紧张和压力,精神得到极大满足。网络空间新交往模式的诞生,构建了新的社会理性和道德理性,这就需要塑造新的、适宜的制度确保网络社会和网络公共空间的发展。

二、网络空间的信息"脱域"与自我建构

自我是人际交往的起点,分析自我的内在性结构和外在性影响,是考察人的主体性、客体性以及人际交往间的内在逻辑的起点。"我是谁""我在哪""我在做什么"三个问题是个体在生长过程中、在社会交往过程中进行有意或无意的觉察、认知和辨别的问题,也是人思索人生价值、认清人的本质的重要问题。符号互动论的奠基者乔治·赫伯特·米德把自我归结为一种社会结构,认为自我是"主我"和"客我"相互联系、相互作用的结构,并在"主我"和"客我"通过符号的交流中,不断产生新的自我和新的社会关系。因而,探索网络社会中的自我建构的内容、方式以及互动是探索互联网推动下的人的本质与人类本性的逻辑起点。

(一)信息传播流变中的自我建构

信息获得方式改变推动了社会存在模式的发展,人的本质的丰富性在传递、接受和交换信息中实现。纵观人类社会的发展,在信息交往方式的变

革下，人类自我建构经历了四种不同类型的信息获得方式，推动了人的自我建构的内容与层次的发展和丰富。

第一，以身体语言互动为特征的人的自我建构。这一建构模式发生在人类社会最初阶段，人们通过简单的声音和肢体行为进行交流，获得指令性、指代性的活动交流。比如，原始人尖叫传递的信息是告诫他人不能碰的事物和即将发生的危险，因而在动作和关系中产生了某种象征的意义，人们觉察到自身的存在，人由原始自我向心理自我和社会自我转变，人不断在身体语言的表征下，凸显了觉察其为人的内涵。

第二，以口头语言交流为特征的人的自我建构。语言的出现，促使人的思想、情感外化和社会化，人在语言表达和肢体动作表达中建构了自身的丰富性。身体与语言同时在场表达赋予人独立意识的发展，事物通过语言精确表达，一方面确证了事物的内涵和意义，建立了人的语言意识与事物的联系，配合人的身体语言，如眼神、表情、神态、手势等，达到了语言与事物的表征统一；另一方面，人们通过往复的语言表达与交流，强化了人的想象、情感和意欲的外化，促进了人类思维的进一步发展和人的独立意识的开发。此外，肢体语言与现场交流形成的信息传播方式不仅塑造了人的独立意识，还深化了人的群体意识，增强人的群体归属感、依赖感，从而造就了稳定和道德的群体性自我意识。

第三，以文字印刷传播为特征的人的自我建构。文字的出现标志着社会符号互动交流方式的形成，文字书写和印刷的传播使语言与事物或意义分开，实现了事物在人脑中意义与形象的建构。作为一种非现场交流方式，书写和阅读锻炼和激发了人脑开发事物想象意义的细胞，形成了人的理性抽象意识，使人由外化交流向内化阅读转变，人的知识性、创造性更加扩展，人的精神、思想从身体中抽离出来，形成了人的独立意识空间，人的精神的自由性、想象性、畅游性得到了极大的发展。

第四,以传统电子媒介传播为特征的人的自我建构。相比口头信息传播和纸质媒介信息传播,电子媒介在人类历史上发展的时间较短。电子媒介传播以电磁波的形式向社会广泛传播文本、声音、图像,传播的速度快、范围广、时效性强,是一种单向被动接收的信息传播模式。在这一传播模式下,人深受电子媒体创造的新语境的控制,接受被精心设计和包装的信息,信息交流不对等,思想容易被操控。另外,相比纸质媒介信息传播,电子媒介传播在一定程度上冲击了人的理性思维,给人带来感性和"浅薄"的思维,大量声音、视频、信息的涌入,使人来不及进行深入思考和透彻理解,无法沉淀为个人的内在精神,从而导致人的自我迷失,这种迷失主要表现在人面临信息的无力感、信息的诱导性,个人在自我建构上表现出一定的茫然性,人的内部精神在信息的冲击下溃散。

表2-2　信息方式的阶段特征与自我建构

阶段	特点	表现	自我形象体系形成度
身体语言互动	时空统一	双方在场、身体符号招手	形成身势表意与身体统一的自我形象体系
口头传播	有声符号互应	双方在场、副语言 言语	形成词物统一的自我形象体系
书写印刷传播	意符的再现	只有一方在场,书写物质性、书籍、报纸	形成想象中的词物对应的自我形象体系
传统电子传播	声音、图像、信息的模拟	一方在场,受控的制作中心电视、广播	形成他人架构的自我形象体系(强单向度)
电子书写与互联网	信息的模拟与代码	双方都不在场,书写非物质性、网络社区	多向度自我形象体系仍在建构中

(二)网络社会形态下的信息"脱域"

与传统社会的物质现实性相比,互联网技术推动形成了一个跳脱物质现实限制的"脱域"空间,即"社会关系从彼此互动的地域性关联中,从通过对不确定的时间的无限穿越而被重构的关联中'脱离出来'"①。时间与空间的虚化使得人在信息获得和信息传播方式上发生了重大的变化。

首先，信息获取的时空依赖性减弱。超时空性不是网络社会的专利，传统的电视、广播等电子媒介同样搭建了超越时空的信息传播平台，但存在弊端，即信息传播的单向灌输性。相对网络搭建的双方不在场的多向交流，传统电子媒介信息模式显得刻板，缺乏人文关怀，交往涉及的主体具有鲜明的阶级性和阶层化特征，社会互动的广度和深度有待于开发。网络技术在继承广播、电视等传统信息传播优势的基础上，将信息的生产权从上层社会控制的新闻媒体转移给普通大众，形成了多向度交流，网络技术发展造成的网络信息的传播极大地减少了时间和物理空间对人的交往的限制，世界性的交往变成了一个浓缩的"地球屋"，在相同阶段或者极小的时间差内，旨趣相同的人都可以交往，不同的事物和人也可以发生"此时此地"的关联，在超越时空的技术上实现了人和物的串联。

其次，网络交往的时间感虚化。在网络社会中，由于网络空间内容的充盈性，获取和传播信息相比传统社会要迅速和快捷得多，这种便捷的方式减少了由于物理空间限制而导致的时间浪费，极大地缩短了人与人交流的时间，将时间压缩到极限，对此，卡斯特认为："压缩时间直到极限，形同造成时间序列以及时间本身的消失"②，进而造成了人的时间感虚化。

最后，网络交往的空间感虚化。网络社会的交往行为、交往内容都解释成信息，网络社会的呈现方式也是以虚拟的数字代码呈现，人的物理特性在现实社会中存在，而人的精神性则是在数字架构的虚拟空间呈现，思想在此不受物理空间的限制，可以自由伸触网络社会中的各个领域，思想无边界、

---

① [英]吉登斯：《现代性的后果》，田禾译，译林出版社，2011年，第18页。

② [美]曼纽尔·卡斯特：《网络社会的崛起》，夏铸九等译，社会科学文献出版社，2001年，第530页。

无时空性使交往主体的空间感淡化,思想在此空间容易形成抛却现实空间的共同感。网络社会的无时空、无现实社会的限制,使人容易沉溺虚拟空间,因而人与现实社会的疏离与脱节在所难免。

(三)网络社会形态下的人的自我建构

在互联网信息时代,信息的形成和传播方式影响着人对自身、对社会的基本认知,以诸多不同于传统社会的新方式塑造人的主体性。在信息化建构方式下,互联网技术颠覆了人获得信息的模式,迫使人的内在稳定性被打破,人的观念、身与心向非固定的方向转变。

1. 网络社会中的人的多重身份建构

在传统社会中,人栖息在某一固定的身份中,形成稳定的个人特性和人格,这种稳定性是社会稳定的基础和前提,人向内寻求自身的精神性,向外寻求自身的现实性,当内在精神性与外在现实性发生冲突时,人就会呈现隐性人格和显性人格,因而在传统社会的人的自我建构呈现了两种自我形态。然而网络社会的出现使得传统社会中的两种自我形态趋向一种形态——网络交往中的显性自我呈现,原因在于互联网的信息传播方式从根本上改变了信息接收群体的文化心理,人们在网络交往中可以戴着"面具"进行交往,可以运用符号去塑造和变换各种角色和身份。因而,在多重身份的保护和转变下,人的自由性、生动性得到体现,人的身心得以纾解和释放。

2. 网络社会中人的自我精神的消解

互联网技术导致了人的自我消解,主要表现在三个方面,一是网络的虚拟性使人的诚信精神消解。传统社会是人与人真实交往的社会,诚信是交往的基础,也是社会秩序与规则的基本价值之一,是现实社会交往中人必须具备的品质。然而在网络社会中,由于虚拟空间和虚拟交往,人因为缺乏现实规则的限制和违背诚信的惩罚,而导致人在交往中缺乏信任态度和诚信责任。这使网络主体放松对自身的诚信要求，进行不诚信、欺诈的行为，从而消解了人实现合作的诚信精神。二是信息的爆炸性使人感到无所适从。海量信息一方面可以满足工作、生活所需，但是信息的准确性和有效性难以辨别，消耗和腐蚀了人的精神；同时信息的多元化导致人的内在价值观的冲突和抉择，使得个体在现实社会中失去坚定的基石，造成人的思想的混乱。三是网络信息使人变得"浅薄"，人的情绪的真实感和人的激情式微。一方面，信息的便捷性和扩张性使信息无法在人的心中沉淀，人的理性式微；另一方面，双方不在场的媒介交流屏蔽了人的触感、人的情绪的变化，而是冷冰冰对着电脑或手机进行交流，人体验面对面交流带来的真实感逐渐淡化，人与人之间的真实情感的交流被掩埋在屏幕的文字、图片和视频片段之中，在网络断连后，人的情绪更加空虚，对社会的真实感产生了混乱和质疑。

三、网络社会形态下的人际互动内容与结构

人的完整性是由内在思想、情感的生成与体验和外在自我展示与人际交往的两方面构成，向内审视自我的精神、自我价值、自我创造性是人类本性的一方面；向外自我表现和社会交往是人类本性的另一个重要方面，只有将人的内在性与外在性结合起来研究才能从整体上把握人的本性。卡西尔在《人论》中认为，对人类本性的研究，"不可能像探测物理事物的本性的方法来发现人的本性，物理事物可以根据他的客观属性来描述，但是人却只能根据他的意识来描述和定义"[1]。因而他认为，人只有在社会交往中才能了解人的本性，"要理解人，我们就必须在实际上面对人，面对人的来往"[2]，查

---

① ［德］恩斯特·卡西尔：《人论》，甘阳译，译文出版社，1985年，第8页。
② ［德］恩斯特·卡西尔：《人论》，甘阳译，译文出版社，1985年，第8页。

尔斯·库利也认为:"人的社会生活起源于与他人的交流。"①人不能孤立地存立于社会,需要和他人建立联系而进行交往,因为人的社会交往是人的精神、人的价值的外化,是人的需求、人的现实性的重要实现形式,因而要理解人类在互联网社会形态下的人类本性,必须深入考察互联网社会形态下人际交往及交往形式与交往结构,从中观察人在互联网生存下的人性的表现。

人的类本质决定了人生存的社会性,受人类赖以生存的物质发展程度的影响,人类在物质动机的主导下结成血缘式、地缘式、业缘式交往形态。其中,原始的血缘式交往对内构成了人类交往的血亲关系和婚姻关系,对外构成了战争与和平的征服与被征服的关系;随着以国家为基层单位的地缘结构的出现,血缘式交往被地缘式交往取代,社会交往以经济交往为核心,以地域为界限,以国家为组织形式,形成了包含血亲关系的,具有共同的行为规范、风俗习惯、价值观念等稳定的、牢固的邻里式的地缘关系,人类交往的地域范围逐渐扩大,文化、政治、经济交往成为主要的交往内容,交往的手段和交往形式更加丰富多彩;随着社会分工的发展,商业成为经济生产的主要形式,以业缘为特征的人际交往成为人们交往的主要形式,职业劳动结成同事关系,在职业分工不断细化和职业流动性增强的背景下,人们架构了一套基于工作互动、社会互动的共同价值观念和思想观念,这一套观念在社会生活中逐渐代替血亲关系成为社会上占支配地位的社会互动关系。血缘式、地缘式、业缘式交往在历史发展维度上前后相继,在社会交往结构上主导共生共在,推动着人类社会交往实践不断深入,塑造着更丰富的人。

---

① [美]查尔斯·库利:《人类本性与社会秩序》,包凡一、王湲译,华夏出版社,1999年,第2页。

（一）网络人际互动的内容

信息是网络社会的核心，信息建构的内容主要包括与现实社会息息相关的物质信息、制度信息和精神信息，并以数字化、符号化和网络化的方式呈现。网络互动以自我互动、人机互动和人际互动为主要形式，本质上讲是技术社会化的过程。吴满意在《网络人际互动——网络实践的社会视野》中指出："网络空间中的人际互动，就是网民与网民之间、网民与网络族群之间的互动，指称着单向度个体朝多维发展的态势，表征着网民个体与网络族群逐渐剥离人机关系的过多制约、由片面走向全面发展的崭新理路。"[1]在这里，吴满意认为，网络个体是网络空间人际运行系统的本体，人一方面是人类社会发展的本质和基础，另一方面也是创造一切网络精神性成果的主体，满足个体需要和群体需要的主体。

网络人际互动的内容是以文字、图片、视频等数字化符号进行主体间的信息、知识、意义与精神共生共享的实践活动。网络人际交往的主体是个体网民和群体网民，网络交往的中介多样化，能上网的设备都可以将网络中的个体和群体联系起来，移动设备是进行交互行为的主要中介，其技术的升级和功能的延伸，促进了网络交互行为在深度、广度和速度三方面的质的提高。网络人际互动的主要内容的类型包括信息性内容、知识性内容、娱乐性内容、技能性内容。由于当前网络经济深入现实社会的各个领域，这些内容又有交易性和非交易性之分。另外，由于网络虚拟性和个人生产信息的动机不同，这些内容和信息真假难辨，考验人对信息的辨别能力。网络交往互动过程一般包括五个阶段：定向发起、尝试沟通、亲密接触、稳定发展、淡化

---

① 吴满意：《网络人际互动——网络实践的社会视野》，人民出版社，2015年，第53页。

分离。在交往的流程上,它与现实社会的人际交往并无太大的差别,只不过网络人际交往是在时间和空间急剧压缩的场景下进行的高频次、无障碍的交流,交往过程比现实社会人际交往更直接,目的性更强。

从本质上讲,网络空间的人际互动不能脱离现实社会而存在,现实社会是网络人际交往的基础,是满足人的现实性需要的手段,脱离了现实社会,网络人际交往无法持续。从一定意义上看,网络人际交往是现实社会交往的延续和拓展,是信息时代下人的自我完善和发展的途径和手段。

(二)网络人际互动的动力结构

大体上讲,网络人际互动的动力主要有两类:一类是物质性获得推动下的网络人际交往;另一类是精神性获得推动下的网络人际交往。区分两类网络人际交往动力是探索网络社会空间的人性的基本途径。

首先,物质性获得是网络主体进行交往的基本动力。满足自身生理需求的物质信息,满足自身社会生活的物质性产品、信息与服务,满足个体享受性和发展性的物质性需求是人类进行交往的根本性动力。突破人生存的有限性,摆脱人的肉体束缚,实现人的物质性满足是人进行交往的前提。网络自渗入经济领域后,人的生存性和发展性的物质满足的可获得性得到了前所未有的提高,经济交往的空间转移不仅给经济发展带来更多商机,还加快了人力、资源、资本、信息的整合,发展以更加满足个性化需求为取向,个体在网络空间内不仅能够创造财富,还能在网络空间更快、更便捷地获得商品和服务。网络、经济、人性化三者的深度融合,增加了人对网络交往的黏性和依赖,网络社会交往成为人的实践获得的第二渠道。

其次,精神性交流与认同是网络主体进行交往的重要情感驱动力,开放、自由、平等、共享的网络空间和虚拟性、匿名性、跨时空性等网络空间,不仅是社会个体发表意见、表达诉求、宣泄压力和情感的场所,同时也是民众进行本能释放的场所，个体在此空间中既可以抒发理性情感，也可以表达非理性情感，从与自我、他人、社会的互动中体现自我认同，寻找社会认同，丰富内在情感性。网络空间的精神性满足是人的社会化本能，也是网络社会发展的价值所在。

四、网络社会人际互动下的社会结构变化

网络技术的发展重构了人的新的互动模式，并在此技术上重塑了政治、经济、文化和社会发展的新结构。从网络社会发展的历程中，我们可以探知社会结构转型的整体样貌。刘少杰将中国的网络社会的发展划分为五个阶段，[①]并阐述了网络社会从诞生以来的社会变化。第一阶段是网络学习引入阶段(1987—1994年)，在此阶段对网络的研究仅限于科研领域，并未在社会形成广泛影响；第二阶段是WEB1.0阶段(1994—2002年)，网络开始融入人们的社会生活，网民上网浏览信息，网易、搜狐、腾讯、新浪等各大网站开始建立，以BBS为代表的网络社区开始形成，网络上丰富多彩的内容吸引了数亿民众的网络点击，网络成为获得信息的一条崭新渠道；第三阶段是WEB2.0阶段(2002—2009年)，网民参与社会和群体互动性明显增强，网民通过网站、博客表达观点、交流观点，网络互动积极，网络空间作为公共领域焕发巨大活力；第四阶段是WEB3.0阶段(2009—2014年)，在此阶段，"两微一端"集结了大量的网络群体，网络社会发展达到了空间广阔、空前活跃的阶段，网络社会与现实社会的融合度进一步提升，民众深度"围观"社会现实，"药家鑫驾车肇事杀人案""温州动车事故""大表哥"杨达才事件等引发

---

① 刘少杰：《中国网络社会的发展历程与时空扩展》，《江苏社会科学》，2018年第6期。

了数以亿计的评论,庞大的网络群体形成,推动政府管理方式的转变,网络成为民众践行社会公共正义的主渠道;第五阶段是中国网络的多维发展和综合扩展阶段(2014年至今),互联网在规模和效益上进一步扩大,向社会各个领域进行横向和纵向发展,"互联网+"加速了社会网络化趋势,网络社会不仅是信息空间的限定,演变成了以经济、政治、文化、社会、环境等多个领域信息化的新社会形态。

从互联网推动的经济维度的变化看,与传统经济发展模式相比,网络推动了现实社会的经济生产、服务、资源、信息的合理、快速流动,经济发展极富有创新性。何哲认为,网络技术的特征,如网络的跨时空性,使得全球经济实时同步配置生产——服务资源体系,网络社会的非中心性改变了传统经济体系的集中化、统一化的生产模式,建构了个性化分散化的充分竞争的经济体系;网络信息的丰富性与超流动性使得多维度的经济信息在全球传递,能够建构精准的、多样的、定位明确的生产与需求的匹配模式。[①]可以说,网络技术搭建的数字经济发展模式一方面改变了经济生产与交易的方式,另一方面也促进了人的消费观念和消费模式的变化,数字经济、大数据使得产品、服务的价格、偏好、质量、数量等更精准,可选择性更强,个性化需求更容易满足。

从互联网推动政治民主发展的维度看,网络技术赋予了普通民众更多权力和参与政治的机会。网络以其技术特性一方面促进了经济交往的高效率运行,另一方面在政治领域也实现了"权力下放"的效果。哈贝马斯在《公共领域的结构转型》中指出,公共领域是"一个关于内容、观点也就是意见的交往网络,在那里,交往之流被以一种特定方式加以过滤和综合,从而成为

---

① 何哲:《网络经济:跨越计划与市场》,《经济社会体制比较》,2016年第2期。

根据特定议题集束而成的公共意见或舆论"①。哈贝马斯认为,公共领域的话语表达是民主政治发展的标志,公共话语的衰败和失真会导致虚假的民主。网络社会作为一个开放、平等的公共空间,引起了广大"草根"的广泛参与,并在这个虚拟空间排除了权力、习惯势力和传统观念的束缚,而进行自由、平等的或深入或浅显的交流。而且随着现实矛盾推动下的网络空间和现实空间的深入融合,"草根"的话语权越来越得到更多"草根"的认同,从而削弱和解构了传统精英的话语权,迫使公共权力部门"被迫"融入此空间,实现了社会公共管理的权力下移,推动了社会民主政治的发展。

网络经济、政治、社会三者融合创造了网络空间独特的网络文化。在精神产品上,网络经济的发展创造了丰富多彩的文化产品,如网络文学、网络电影、网络视频、网络游戏等娱乐性、休闲性文化产品扩大了人们的视野,丰富了人的文化体验;在社会价值上,网络社会以缺场交往的形式创造出潜移默化地改变着人的思维方式,丰富了人的情感,且产生了对现实社会具有重大影响的价值认同,塑造了政治文化、社会秩序文化和经济文化;在文化的多样性上,网络文化不仅塑造着不同类型的"亚文化",如网红文化、丧文化、屌丝文化等,还产生了不同文化圈层,创造二次文化。网络对社会文化的塑造已经深入社会生活的方方面面,可谓是"无微不至",它不仅体现了人们日常生活的喜怒哀乐和精神状态,也反映了当代社会的价值取向。

第二节　网络社会形态中影响人性的动机

网络社会中的人际交往形态是人性在网络社会中的具体表现,是认识

---

① ［德］哈贝马斯:《在事实与规范之间：关于法律和民主法治国的商谈理论》,童世骏译,生活·读书·新知三联书店,2003年,第446页。

事物的感性现象,要明晰网络社会中人性的本质,还必须回到网络人际交往的元问题——交往的动机是什么。与现实社会空间交往的动机相似,人类进行交往的出发点基于经济利益、政治权力、情感交流、自我精神满足、公平正义等原始因素,在网络社会空间中,人性的动机没有跳脱这些因素,考察网络社会形态中的人性动机必须从这几个方面入手。

一、经济利益驱动下的人性动机

21世纪初,中国的改革红利与互联网技术红利不期而遇,互联网经济迅速发展。据商务部统计资料显示,2022年我国电子商务市场交易额达到43.83万亿元,同比增长3.5%(见图2-3),占国内生产总值的34.8%。从2011年互联网经济崛起以来,虚拟经济催生了大量新业态、新职业,网络直播、共享经济、电商销售等经济模式拉动的就业人数激增,网络经济迸发了强劲吸引力。

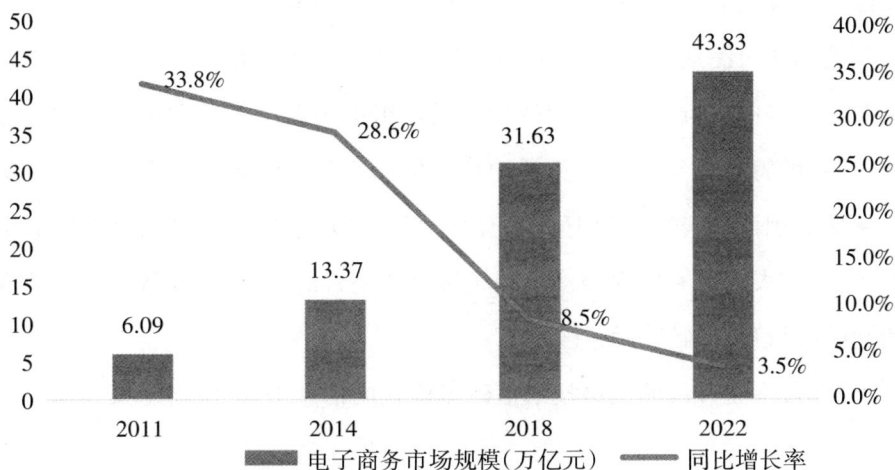

图2-3　2011—2022年我国电子商务市场规模

数据来源:根据商务部发布的统计数据整理。

互联网吸引了大资本和民营企业的参与，作为原子式的个人也广泛参与互联网经济当中，网络零售、共享经济、网络服务业的发展是个体参与网络经济的典型代表。从参与的动机上看，主要有以下三方面：

首先，基本生存的经济压力和社会压力迫使民众寻找获得财富的机会。据国家统计局公布的国民经济数据显示，2023年我国国内生产总值达到126万亿元，人均国内生产总值8.936万元，居民人均可支配收入39218元，人均消费支出2.68万元，[①]居民的生活水平有了一定的提高。但是在面对住房、养老、医疗、教育等生活支出时，普通大众的生活依旧艰难，经济压力和社会压力依旧很大，需要大量的资金支撑生活。因而在经济的压力下，人们迫切需要工作机会和获得财富的途径，网络经济带来的发展机会恰恰满足了人们的生存需要。

其次，互联网迸发的经济活力和创造力吸引了群众参与的热情。在2005年之后的互联网经济世界，一台电脑、一根网线创造的网络交易空间，不分阶级、种族、身份、阅历、能力，生产一种产品与服务就是一个商业机会，就能实现经济利益的翻倍，"一夜暴富"的心理攫取了大多数仍未摆脱贫困和积极创业的民众的全部精力。互联网经济在发展初期最大的特点是带动了个体经济的崛起，发展中期的特点是重组了民营经济和大企业的发展方式，现在的特点是重组了人类活动——生产、交往、精神等几乎全部人类实践领域。因而，在这种新的生产、交易、思维的场景下，可发展、可创新的机会较多，在人人逐利的强烈动机和场景搭建完善的条件下，经济利益驱动成为网民参与互联网经济的首选。

最后，不断升级的网络技术搭建多样化的信息平台，吸引了人人参与网

---

① 国家统计局：《中华人民共和国2023年国民经济和社会发展统计公报》，网址：https://www.stats.gov.cn/sj/zxfb/202402/t20240228_1947915.html。

络共享。当前网络技术创新已覆盖民众日常生活的各个领域,网络技术带来的参与便捷化使得人们的吃穿住行等基本生活的生产和服务,不再是企业的"分内之事",而是成为个体"随时"都能与市场空间进行勾连,参与经济利益的生产。如网络外卖、网络短租、共享单车、在线教育、网络家政等创造了越来越多工作的渠道和机会,个人的获利性得到极大的满足。网络赋权不仅赋予了个体参与政治、参与社会的权力,也赋予了个体以单独个体参与商业生产、销售的权力。

二、网络公平正义影响下的人性动机

网络空间的崛起引起权力结构下移,民众的自由、公正、民主意识普遍崛起。卡斯特在《网络社会的崛起》一书中指出,"流动的权力优先于权力的流动"[1],也就是说,传统的自上而下流动的权力终将被由民众掌握的自下而上的虚拟权力所整合。这就意味着,网络空间权力的转移赋予了民众更多的民主、平等、公正意识,作为现代社会基本价值的公平正义也已经延伸到网络虚拟空间,且对网络空间的公平正义的需求和表达比现实空间更为强烈,更容易感染和影响社会其他民众,毕竟占中国人口近80%的网民深深与网络社会连接,而且这些网民绝大多数是中青年,其思想的活跃度、转化为社会行动的能力都不容小觑,是社会风险产生的原因之一。

就公平正义的基本内涵,中央党校吴忠民教授指出,社会公平正义的本质精义是"给每个人他所'应得',即维护每一个社会成员和社会群体的合理利益"[2]。也就是说基于资源的有限性,社会资源的分配必须充分体现公平

---

① [美]曼纽尔·卡斯特:《网络社会的崛起》,夏铸九等译,社会科学文献出版社,2001年,第434页。

② 吴忠民:《社会公正论》(第三版),商务印书馆,2019年,第42页。

公正，当资源分配没有体现"给予每个人应得的部分"时，民众即会产生"相对剥夺感"和不公平感，就会寻求各种渠道表达自身受到的不公平待遇，而微博、微信、论坛等网站，尤其是短视频平台恰恰为民众的公平正义的诉求提供了快捷且容易引起社会共鸣的渠道，这种渠道产生的网络舆论能够产生强大的力量，要求政府和公权力机关必须给予合理的解决。因此，网络舆论一方面增强了民众的公平正义感，另一方面促使民众借助网络渠道表达自身诉求，遇到不公就上网成为当今民众维护公平正义的重要方式。

三、网络休闲娱乐需求影响下的人性动机

休闲娱乐是人身体放松、精神恢复的重要方式，人的避苦趋乐的本性决定了人追求现实的幸福、快乐，追求精神上的丰富和愉悦。马克思和恩格斯在《德意志意识形态》中指出了未来全面自由发展的人应有的精神和生活状态：人可能"随自己的兴趣今天干这事，明天干那事，上午打猎，下午捕鱼，傍晚从事畜牧，晚饭后从事批判"①。也就是说，人有充分的自由去发展自己的能力和兴趣，有充分的时间来安排自己的生存状态，安排自己的休闲娱乐来丰富自身精神世界，而网络技术将这种生存的可选择性、自由性提到前所未有的高度。

首先，网络虚拟技术使得人的休闲娱乐活动不再受事物的现实存在性限制。如果想看电视，有了网络后，我们不必非要通过实实在在的电视机来播放，不必限制在电视频道里的固定节目，只要有网络资源，我们都可以获取自己想要的视频节目；如果想和朋友进行游戏，或者自己单独玩游戏，我们不必将现实的人和物聚合在一起，而是通过网络模拟创造物，或者仅仅通

---

① 《马克思恩格斯文集》（第一卷），人民出版社，2009年，第537页。

过网络连接就可以实现。因而从这一方面说,网络扩大了人进行休闲娱乐的可选择性,而且创造出现实社会不可能有的超时空景象和事物,延伸人的听觉、触觉、嗅觉,让人体验真实的生活,丰富了人的生活。因而,与传统的娱乐方式相比,人不再是被动的接受者,而是拥有充分的自由选择权,人的娱乐方式得到充分尊重和满足。

其次,网络新闻的娱乐化满足人的娱乐心理和猎奇心理。在当代社会的组织机构中,娱乐与信息已经融为一体,网络与娱乐的结合改变了社会从网络到政治的各个生活领域的面貌。凯尔纳指出:"在媒体奇观时代,生活本身已经被电影化了,我们像制作影视作品那样来构建我们的生活。"[1]这表明,娱乐于社会生活中无处不在,并在媒介文化中逐渐占据了主导地位,成为一种趋势和方向。网络娱乐式新闻能够让我们暂时逃离现实社会,每天给人们提供戏剧性的信息,使人的身心得到片刻的轻松和欢愉。同时,网络信息的娱乐化的表达方式使人们进入一个眼花缭乱的世界,使人能够体验其他人的生活和情感,体验社会的温度和真实感,从而引起自身对他人、社会的情感共鸣。因而,网络信息的娱乐化调剂人的生活、愉悦人的身心、开拓人的视野,增长人的阅历,吸引网民的涌入。

四、网络社会中情感需求影响下的人性动机

人的情感丰富性凸显了人的本质。从心理学角度解读,情感主要涉及人对外界刺激的肯定或者否定的心理反应,外在表现为喜欢、厌恶、悲伤、愤怒、爱慕、恐惧等。袁贵仁认为情感是心理结构的核心成分,反映的是客体

---

[1]　[美]道格拉斯·凯尔纳:《媒介奇观》,史安斌译,清华大学出版社,2003年,第6页。

对主体需要的满足关系。龚振黔认为:"情感是人在社会生活过程中,由其自身需要、价值取向、观察角度、环境氛围而形成的对外界事物的心境、态度、感受……通常表现为喜悦或悲伤、欢乐或忧愁、热爱或憎恨、满意或不满意。"①情感的体验与丰富性体现了人是有意识、能动的精神存在物。情感的能动性在于情感的交流,情感的交流又涉及人的交往,从这一意义上讲,情感交流活动是一种人必须进行的社会交往活动,人只有在大量的社会交往中才能彰显人的存在性和人的精神性。

网络为人的情感交往提供了充分适宜的条件,吸引民众大量涌入。

第一,网络创造了无限制的情感交流空间。相比现实的交往空间,网络情感交往的空间超越了三维空间的限制,突破了交往场所的物理性,网络化的虚拟空间使得人的喜怒哀乐等情感交流可能通过屏幕呈现出来,交流无立体空间的限制。另外,在网络空间中,人可以根据自己的想象力创造出更理想化的交流地点和场所。这种场所的可变性、无限制性引导了人避实就虚,倾向进行网络交流。

第二,网络空间创造了可逆性情感交流时间。在网络空间,虚拟时间没有方向的限制,它可以流向过去、现在,也可以流向未来。人可以在现在的时间里实现情感交流,也可以通过虚拟技术回到过去的时间里进行情感交流。网络社会的产生能够实现情感交流场所的时间创新。

第三,网络空间创新了情感交流的方式。现实情感交流主要通过口头语言、面部表情、肢体动作和文字作品传递自己的情感,感情的表露是现实的,受到物理空间的阻隔。而在网络空间中,认识虚化的人,人通过抽象的符号或者代码进行随时随地的交流,人只要通过采集或者输入相应符号,通

---

① 龚振黔:《论情感交流活动在虚拟社会的重大演变》,《贵州社会科学》,2018年第11期。

过信息转换就可以进行"零距离"和"面对面"的交流。而且相比现实交流的传播媒介的匮乏性，网民在网络交往中创造了丰富多彩的"网络语言"，极大地扩充了情感表达可选择的范围，更真切、更传神地向他人和社会传递自己的情感体验。

五、网络社会中网络工具性需求影响下的人性动机

从网络发展的历程和在现实生活中的应用看，网络的首要基本属性在于它的工具属性，工具性主要表现在通信功能、搜索信息和生产生活信息支撑三个方面。

通信功能是网络从诞生起就具有的功能，在网络用于社会生活后，通信行为最初是由兴趣驱动引发的行为，表现为人际交往的弱联系，天南海北的人都可以通过通信工具进行对话，MSN、电子邮件和各种即时通信软件是主要的通信工具。随着网络技术的升级和网络与社会的深度融合，通信行为表现为越来越强的交往目的，以及带有工作性质和亲疏远近性的强联系性。现阶段，微信凭借简洁的通信功能成为主要即时通信工具，延伸了人获得信息的必要周边功能，如朋友圈、支付功能和公众号信息推送功能，简洁化的功能满足了人对通话、基本信息获取的需求。

搜索信息是人生活、娱乐和进行工作必不可少的环节。网络交往产生了海量信息，这些信息是人化社会的信息，与人的生存和发展有着或强或弱的关系。由于网络信息以静态储存的形式存在，并与人的现实生产生活息息相关，可获得性和可获得效率比传统电视、广播和纸质媒介更快、更精准、更具有指导性，因而人倾向从网络渠道搜索获得信息，并成为人获得信息的一种习惯，具有较强的黏性。

生产生活的信息支撑是指网络给人的生产生活带来的便利性，并成为

人的生产生活必不可缺的一部分。如果不会烹饪，可以从网上搜索相关的教程进行学习；如果要出行，可以通过相应的APP提前或即时发送订车需求订单；如果要旅行，可以通过相应APP预订车票、酒店，还可以通过上网搜索相关景点的信息，规划旅游路线，提前做好攻略；如果想健身，也可以在相应的网站定制个性化的健身方案，或通过网络预购线下健身房等。网络与人的生产活动也深深联系，网络虚拟交易已经成为经济发展的重要方面，在线交易、网络实时监测股票、在线教育等经济交易形式不断涌现网络凭借便捷性、工具性已经与人建立深深地勾连，成为人提升自身能力、智力的主要方式。

第三节　网络社会形态中的人性结构

马克思主义在考察了人类社会发展规律的基础上，从人的三重需要、社会关系综合是人的本质以及人自身发展经历三个发展阶段的理论出发，揭示了人性的具体性、可变性和发展性，指出了人性的永恒本质具有三个方面、三个层次，即人类本性具有自然属性、社会属性和精神属性。同时，他还认为，人的三重属性不是社会关系的直观反映，而是在实践的基础上能动的反映。因而，在社会实践的推动下，人性的表现形式不是直观地反映社会，而是在思想意识支配下的能动的反映。人的自私自利、自我保存的属性驱使人在社会交往中以最有利于自我需求的满足而展开。因而，直观的人类交往现象具有表面性、易变性，人的交往个性具有显而不露性，即人性具有双重性，既具有显性的一面，也有隐形的一面；既有积极的一面，也有消极的一面；既有善的一面，也有恶的一面，因而，我们统称为人性的"二重性"。

一、网络社会形态下人的自然属性

马克思主义认为："个人怎样表现自己的生命，他们自己就是怎样。因此，他们是什么样的，这同他们的生产是一致的——既和他们生产什么一致，又和他们怎样生产一致。"①也就是说，人性的生成是由人的生活状态、生存特性及他们的实践方式所决定的，人在改造客观世界与改造主观世界的过程中形成了一个全新的自我，表现在网络时代的技术支撑与丰裕物质支撑下的全新的人的生存状态。从人性构成的基本要素的分类上讲，人性没有超脱马克思主义人性观的基本框架，而是在新社会形态下发展了新结构、新内容。

网络社会形态下人的自然属性强调网络形态中的物质自我，首先肯定的是人的肉体存在，肯定人是感性的实体。当强调人以物质自我出场时，物质自我的各种特性、功能即会显现，特别是当人的生理需求成为人的机体最大要求时，人的生理需要就会在人的总需要中占有绝对优势，就会调动人体各种机能，尽可能地通过各种方式满足。对此，恩格斯和马斯洛进行了论述。恩格斯指出："历来为繁芜丛杂的意识形态所掩盖着的一个简单事实：人们首先必须吃、喝、住、穿，然后才能从事政治、科学、艺术、宗教等等。"②马斯洛也坚持，当生理需求主宰人时，"其他需求可能会全然消失，或者退居幕后"③。从这些论述中可以看出，人的自然属性和满足物质自我的重要性和合理性。

在网络社会空间，人的自然属性，更确切地说是人的物质自我性，同时

---

① 《马克思恩格斯选集》（第一卷），人民出版社，2012年，第147页。
② 《马克思恩格斯文集》（第三卷），人民出版社，2009年，第601页。
③ ［美］马斯洛：《动机与人格》，许金声译，华夏出版社，1987年，第42页。

具有吃、穿、住、用等基本生存需求，表现为更高层次、更快捷、更灵活的满足。在网络社会中，人表现为数字化自我，人的基本需求的满足是通过数字化方面进行的，这种需求的满足主要分为两类：一类是接受型物质获得；另一类是创造型物质获得。接受型的物质获得是通过网络平台，直接从平台搜索获得所需信息，通过虚拟交易，变为现实满足；创造型的物质是接受型物质获得的根源，它活动的动机是获得金钱，以此换取其他生活资料和发展性资料，因而在这里就表现出明显的人性的自然属性——创造性的财富获得者从不同强弱程度、不同善恶性质的获得动机出发，获得财富。从产业发展的角度看，企业和个人逐利性动机良好且充足，行业发展秩序、发展速度和发展规模较好；企业和个人的逐利性动机恶劣且充足，将会给社会和行业带来极大的负面性；企业和个人逐利性动机恶劣且不充足，互联网经济发展环境恶劣，虚拟经济发展缓慢或停滞。典型的案例就是网络零售业的发展。

在网络零售经济发展的早期，人们出于网络零售的便捷性和品类的丰富性，在充足的兴趣和购买欲望的推动下，互联网零售业发展迅速，成为人们日常生活消费的主要渠道。但是在网络零售主体以个体经营和小企业经营之后，由于行业监管不力、良好经营环境营造不足，出现大量以次充好、以假充真的交易，严重影响了民众的购买热情，对网购产品产生了不信任，购买动机不足，因而早期网络零售业凭借其新购物模式创造的奇迹不再是奇迹，而是成为假冒伪劣的"代名词"。这种情况在整顿行业秩序之后，才有所改观，才成为现实生活中不可或缺的一部分。网络服务行业的发展亦是如此。

网络经济的发迹，一方面表明人的自然需求是网络社会经济发展的根本动力之一，在人的需求动机、动机多样化以及动机层次升级的推动下，网络经济才成为经济发展的常态，才有强劲的发展动力；另一方面表明，个人的消费动机、企业的生产动机是网络经济和网络社会发展的关键因素，"私恶便是德"的经典经济人性虽能够促进网络发展整体进益,但不加限制、"不怀好意"的"私德"便是真正的恶,它不仅导致网络社会秩序的混乱,满足自己的人性狂欢,严重的还具有反社会、反人类的本性特征,因为在"去现实性"存在的网络主体在网络空间中首先表现为人的自然属性,也就是利己本性。因此,网络社会形态的人的物质本性是网络发展的动力源泉,也是网络秩序乱象产生的原因。从根本上说,促进人的物质满足的便捷化和丰富性是网络发展的根本任务。

二、网络社会形态下人的社会属性

马克思认为,人的本质是一切社会关系的总和,这表明,人的社会属性是人进入文明时代后形成的,并伴随物质基础不断丰富和人的社会关系不断扩大,内容不断丰富。从另一角度解释,人的自然属性是先天自然产生的本性,而人的社会性则是后天形成的本性,即人需要结成一定的社会关系进行生存,而结成的社会关系塑造了人的本质,影响了人的本性。网络社会时代同传统社会相比,在社会组织方式、信息传播方式和人的生存方式产生了深刻的变革,因而生长在这一现实基础上的人的社会本性也发生了深刻的变化。

(一)互联网改变了人类社会内部连接的方式

"电脑把人带进了赛博空间,并且最终使人类改变了自身"[1],这种改变从根源上讲,重组了人的物质生活、精神生活、社会生活和文化生活,使人超

---

① [荷兰]约斯·德·穆尔:《赛博空间的奥赛罗:走向虚拟本体论与人类学》,麦永雄译,广西师范大学出版社,2007年,第7页。

越传统生存模式，以一种自我意识数字化的存在和现实存在并存的形式构成完整自我和完整社会。

互联网社会改变了人类社会内部连接的方式。传统社会人类的连接方式通过精英的科层管理、经济政治上的土地（货币）依附关系、思想领域的共同文化信仰等连接，通过纸质化信息传播、口口相传、广播电视等传统媒介将社会联系成一个整体。传统社会在科层管理、土地（货币）人身依附关系和思想伦理宗教控制中，人与人之间建立受地域范围、时间范围限制的强联系。在网络社会中，网络通过比特数字组合方式传播信息，通过与现实社会融合，建立了人和物的超地域、超时间的虚拟存在和真实联系，这种联系以符号形象进行互动，人超脱了现实社会中的阶层关系、职业关系、身份关系和社会规范等的束缚，人根据自己的现实需要交往，交往的畅通性远远大于现实社会，人在网络技术，如大数据、云计算、5G网络、人工智能等的推动下，个性需要得到极大满足，人与人、人与社会的距离感通过信息的高频次、大容量的传播在一定程度上消除，传统社会统治权力由上向下转移，社会民主、公平、正义等价值观基本形成。

表2-3　传统社会与网络社会的特征对比

对比项	传统社会	网络社会
信息传播方式	电视、广播、纸质印刷等小容量传播	比特数字的大容量、高频词、流动性传播
时空存在形式	人和物的四维空间显性存在	人和物的超时空隐性存在
主要表达主体	少数统治精英	绝大多数基层草根
社会互动方式	面对面的直接互动	符号形象间的间接互动
生产方式	信息不精确、不对称的生产	大数据、云计算下数字化生产
个性满足程度	社会上层的个性化满足	全社会覆盖的个性化满足
社会联系强弱	受范围限制的强联系	超范围限制的弱联系

(二)网络公共空间中人的数字社会化特征

网络技术催生人的虚拟化生存,虚拟化生存是一种"意识在场、身体不在场"的自我存在的新样态。在虚拟化的生存中,人要重新进行自我身心认定、社会人性和自我角色认定。这种认定涉及人的生命活动、目标、动机、生活宗旨等方面的价值建构,是一种主观意识与客观实在互动的结果。网络空间的人的数字社会化主要有以下三个特征:第一,人的数字建构确证人在网络空间"身体缺场"的生理事实,物质自我的现实性,如人的外貌、声音、气质、仪态等彻底退场,人的客观实在性在网络空间中表现为被主观设计、想象,人在网络中的不确定性增强。第二,人的数字建构确证了人在网络空间的"身份隐匿与身份扮演",权力结构、话语结构等社会虚拟自我的认定,也就是说,在网络空间中,人具有角色扮演性、角色复杂性和角色随意性,网络的平等性和隐匿性赋予了人更大的话语权,人的自由度、自主性、自我诉求、自我本性得到极大释放,人的本质能力得到增强;第三,人的数字化建构确证了虚拟化社会自我认定,并催生自我认定的超越,人对自我心态、社会状态以及自我价值形成与传统社会不同的定位。在网络空间中,人的自我表征为信息化数字自我和体验性数字自我。

(三)网络公共空间中人的社会属性表现

人们通过交往进行不同类型的物质、精神产品交换,满足各自的需要,在交换与交往中传递个体的特殊经验,并在此基础上构建社会共同体,形成社会理性、社会德性与社会价值,最终以一切社会文明成果来丰富自我、重建自我。网络社会中人的社会性也表现如此,"网民的本质属性同样是在网络社会中的一切网络社会关系的总和"①，人在网络中通过自我互动、社会互动建构自己的经济利益关系、政治利益关系，而且由虚拟自我参与而构成的社群互动关系，往往"展现了更多的可能性"②，它不仅给人们体验网络带来的文化突变，还培养自身对社会的感知，释放自身本质力量。网络造成的人类社会结构，一方面依存于现实社会，另一方面又拓展了现实生活结构，它为人类重新进行自我塑造和多样化发展提供了新的可能。

总体来讲，人在网络空间中的社会属性是主要围绕着经济领域的逐利性与政治领域的逐权性和社会群体的价值性来展开，并延续和优化了社会性的展开方式——人类竞争与合作，主要表现以下四个方面：

第一，网络使人与人、人与社会的关系不是疏离而是更加密切。网络在一定范围内建立了以工作关系、亲朋关系为核心的强联系，拓展了与陌生人相联系的弱关系，打破了原有的"差序格局"。人与人之间的互动交流方式多样，内容丰富，互动的可实现性远比现实社会更直接、更强。另外，网络的相对匿名性使得网络自我表露变得容易，自我表露能带来亲密感，因而"网络环境有利于亲密关系的建立"③。

第二，虚拟化的网络社会的背后隐藏的是真实的个体，网络个体逐利性的本质在于人人分享，唯有分享才能将资源聚拢在一起，才能降低沟通和交易的成本，打破交往信息的不对称，实现资源、信息的合理流动；才能尽情地发挥创造性，才能拓展创造财富的空间和创造方式。

第三，个人在网络社会中的逐权性的根源在于网络社会的开放性、匿名

---

① 吴满意：《网络人际互动——网络实践的社会视野》，人民出版社，2015年，第10页。

② Kevin Robins, *Cyberspace and the World We Live in*, The Cyber cultures Reader, 2000, p.87.

③ Bargh J.A., McKenna L.Y.A., The Internet and Social Life, *Annual Review of Psychology*, 2004(55).

性和平等性,网络的这些特性赋予了人在网络空间的超现实性,使人抛却了现实空间现实性的束缚,成为感性的平等交往主体,结成区别于现实社会的等级化、职业化交往关系,增强了人的虚拟本性,并在此基础上生产新的思想交往关系。

第四,人在网络空间的虚拟化在一定程度上导致人在真实世界里的社会属性弱化,造成了现实社会的"宅"现象,长时间沉浸在网络世界,产生人在现实社会的交往恐惧与社会关系的紧张和冷漠,在一定程度上导致人与自身的异化。

三、网络社会形态下人的精神属性

精神生命是人的本质的一部分,它标志着人作为独立个体的独特性。人的精神属性简单来说是指人的精神活动的性质,是指人的意识的能动性。马克思认为,人的精神、意识是社会实在的反映,是社会实践的产物,主要包括人的情感、理性、价值、目的、求知、创新、自由等特性,是人的自我意识、理性、价值的活动。在网络时代,人的精神性内涵与外延都被网络技术放大,人的物质生产、社会交往、文化创新与交流通过人的精神转换全面纳入网络社会空间中,人的精神特质得到空前的强化。

(一)信息时代下人的精神属性不断增强

从一定程度上讲,人总是在维持人的生物特性和社会特性的基础上,构建和维持人的身心协调状态。就人的发展来说,同社会生产力发展相一致,人的发展遵循着从强调生物自我到强调社会自我再到强调精神自我的过程。因此,"完整意义上的社会群体存在是以符合每一个人基本的生物性维持的生存需要为社会正常运作的自然基础,并在此基础之上形成人与人之间约定俗成的社会交往规则及其制度化的社会运作"①。因此，可以发现，在农业文明时代，由于生产力的低下，人的生物性占据人的主体性，遵循有机生命体与客观自然环境相互作用形成的新陈代谢规律；在工业时代，人主要以其社会属性参与社会系统，遵循个体化主体与社会化工业生产相结合的整体社会运行规律；到信息化工业时代，社会整体的发展遵循与信息相联系的个体化的精神、心理参与的数字互动与心理互动规律，社会生产关系和互动关系呈现在虚拟关系当中，人存在于现实与虚拟之间，人的精神属性超越生物属性与社会属性，成为影响社会关系和人的发展的主导因素。

在信息时代，万事万物皆可以纳入网络空间，并以数字、信息的形式存在，而服务于人的需求的材料、工具、交流、场景等首先经过人的头脑的加工，经过自身需要和社会规则的规导，进行人与人、人与社会的虚拟交互，从而作用于现实社会。因而，从这层意义上讲，信息时代是人在虚拟现实的交往，是精神世界里的交往，人的精神在很大程度上从现实空间中分离出来，成为独立的且对现实场域有重大影响的场域，与以往任何社会形态相比，人在信息时代的精神特性得到了空前的加强。

(二)精神生产与精神交流是网络空间中人的精神属性的根本体现

具体来讲，在网络社会空间中，精神生产、精神交流与精神产品享受是人的精神属性的主要表现形式，它标志着人的非实在的存在，主要通过个体和群体间的思想或思维的流动与交往展现，在更高层次上表现出思想或思维无限的自由性和创造性。网络空间的自由性促进了人与人之间的思想交流，进而形成相应的社会价值，网络空间的创造性促进了精神产品的创新和

---

① 汪广荣：《虚拟生存与人的主体性发展》，合肥工业大学出版社，2013年，第242页。

生产,丰裕了人的精神享受。

从生产主体上讲,网络空间的精神生产不再局限于社会精英生产的垄断,生产已经呈现平民化、大众化局面,精英话语被消解。从生产的内容上讲,文化、艺术、社会价值、管理模式、资源交流与分配模式等经济、政治、文化、社会领域的建设都被网络技术整合成"信息流",在群体意识中存在、互动并快速地更新,人的开拓性思维、创造性思维在"信息流"的更新与流动中不间断。从交往方式讲,打破了传统的单向、线性交往,开放、自愿、自主、多向、交互的交往方式形成,人的内在精神得到满足,人的自由与个性得到张扬。从精神产品的开发与精神产品的享受上讲,网络技术开发和启迪着人的思想与思维,生产出前所未有的精神产品和社会价值,而且这些特性随着精神产品、价值的丰富反过来促进人的精神生活的丰富,人的自由本性、创造本性的充分展现,最终促进人进行深度精神的实践。

四、网络空间中人性冲突与矛盾

"人性并不是一系列稳固、确定、自相一致的特征,而是一些经常发生冲突的基本倾向。"[①]因此,从人性的内在结构上看,不仅人性诸属性之间存在矛盾,而且不同个体、社会群体之间的人性也必然存在矛盾和冲突,根本原因在于"需要的无限性"[②]。这种无限性主要表现在两个方面:一是同种需要的质与量具有无限性,二是不同需要的类型存在多样性和阶层性。就个体人性来讲,人性的各属性之间存在矛盾的原因在于,人的物质欲望的无限性

---

① ［美］博登海默:《法理学:法律哲学与法律方法》,邓正来译,中国政法大学出版社,1998年,第4页。

② 姜登峰:《法律起源的人性分析——以人性冲突为视角》,《政法论坛》,2012年第2期。

与社会关系的有序化之间存在矛盾。人的自然属性作为构成人的基本要素，其满足具有很大的任意性、占有性和无序性，而社会属性要求人必须以符合社会规范的方式、在合理的限度内实现，强调的是需求满足的有序性，这就导致了两者之间的矛盾。人的精神属性与社会属性之间也存在冲突，这是因为人的精神历来具有求知性、自由性和要求平等、不受压迫等属性，而社会属性要求人的精神属性不能影响和挑战社会稳定，不能威胁社会秩序，引起社会动荡，因而人的自由性与社会性之间的矛盾。就群体人性来讲，人的社会属性具有共性，即个体在相同的社会关系当中表现的社会属性具有普遍性，然而每个人所处的社会关系及与他人的关系决定着个体的自然属性和精神属性的诉求出现差异，即表现出个体性，因此错综复杂的社会关系与不同利益诉求的个体的交织产生了纷繁复杂的社会冲突和矛盾，它一方面推动着社会进步，另一方面也引发社会的动荡。

在网络社会中，人性在网络技术的加持下，自然属性和精神属性的实现途径被强化、放大，具有普遍价值的社会属性的约束力减弱，人人都从个体的需要出发，网络空间中必然出现矛盾和冲突。

第四节　网络社会人性与现实社会人性的对比考察

网络空间的个体化是网络社会发展的基本趋势，社会发展过程中的个体化意味着联系个体间的纽带开始松弛和稀薄，个体不断丧失与传统的实践、信仰等相联系的束缚。与现实人性相比，网络空间的人性发生了质与量的变化，重新排列和塑造了人性的具体性、多样性与复杂性，赋予了网络社会空间里更真实、更容易满足的人性，而由于网络虚拟性、匿名性的特征导致的人性之恶,给社会安全运行带来了极大的隐患。

一、网络空间中的人性比现实人性更真实

网络的虚拟性、匿名性、平等性、工具性的特征使得人性在网络空间中得到充分的表达和实践。相比现实空间的条条框框,网络提供了极其宽松的人性空间,人在网络空间内可以做更真实的自己,可以不用掩饰自己的目的和动机去争取满足自己的需求,不加掩饰的目的和动机使得人的需要得到相对充分的满足。因而,人在网络空间的交往所表达的人性比现实社会更真实、更易满足。

(一)技术搭建的人性环境更为宽松

相对而言,网络社会空间比现实社会空间的人性环境更加宽松,人性的表现也比现实人性更加真实。我们知道,现实空间标志着人的物质性存在,具有现实性、确定性和指定性,标志着人的四维时空的存在,因而在现实环境中,人的思想和行为受到真实且有规导性的社会规范的约束,现实人性被置于社会规范的监督之下,其展现的程度大大被削弱。而在网络社会中,人在网络空间中,"非面对面的、匿名隐身的、可即时或延时交流"①中,"去抑制性"效果明显,即由个体内心的规则与社会规范造成的自我克制与个性抑制被解除或被削弱,人可以在网络空间中自由、毫无约束地充分展现自己,人的自由性空前释放,网络的"去抑制性"与现实生活环境的"抑制"对人的行为产生了巨大的差别,"虚拟实在根据生理世界所有感官的特征提供了比任

---

① 吴诚、邓希泉:《大学生网络行为去抑制化的政府应对策略》,《鄂州大学学报》,2014年第9期。

何别的媒介更适合的环境和信息"①。

（二）网络空间中刻画的人性动机和人性目的更真实、更直接

宣泄和满足是网络对于网民而言的两个重要参与动机，就欲望本身来说，欲望是没有好坏的性质，只有满足与不满足、满足程度高低之分。从行为学角度讲，欲望既是人行动的动机，也是人行动的目标，它直接决定人的行动的好坏性质，无止境的欲望会导致资源的集中，侵害他人利益；适当的、合乎人性的欲望能够促进人类本性和社会的发展。欲望的满足受到社会资源、社会规范、社会环境的影响，宽松的环境能够促进人的欲望满足，并激发人的潜在欲望，展示人的真实欲望。现实社会环境相对网络环境更严格，人的社会关系的束缚感较强，人受制于社会关系和内心价值，不能也不敢表达内心最真实的想法和需求。而在网络社会空间，人可以遵从内心，可以进行对诸如衣食住行等生物体的欲望，对社会管理、社会价值、社会现象等的社会现实和集体价值观念进行直接地、毫无顾忌地，或戏谑式，或恶搞式，或严肃的表达，是真正地遵循内心的表达。因此，在网络空间中，人性的展现真实度、实现程度、表达直接度都远远高于现实空间。

二、网络空间中的人性比现实人性更容易满足

相比现实空间，人们在网络空间里的情感更加丰富、情绪表达更加强烈，而且依托网络技术的升级，人们的基本生存需要能够在网络中满足，这是因为网络技术为人提供了更便捷化、人性化和多选择性的空间。网络技

---

① B.Gorayska, J.L.Mey, *Cognitive Technology: In Search of a Humane Interface*, Elsevier/North Holland, 1996, p.436.

术推动的网络虚拟空间是人类有史以来第一次脱离现实空间,摆脱现实空间的束缚,在高度自由化的虚拟空间审视自身和社会,并在此基础上极大地延伸了人的精神能力和获得物质的能力,使人能够随心所欲地发展自己的爱好、兴趣,选择自己的生活。因而,在网络空间中,人的物质本性、精神本性、社会本性得到了前所未有的满足,而且人的基本属性满足的可获得性比现实社会容易得多,可选择的内容与方式也比现实社会更加丰富,主要表现在以下三个方面:

首先,网络技术能够极大地促进人的物质本性的便捷式满足。物质满足是人性活动的根本出发点,其满足方式和手段的不断人性化趋势,极大地解放了人的自然属性,促进了人充分发展其个性。在网络化社会中,依托网络的互联互通,诸如人的衣食住行等基本生活资源的需要能够个性化、精准化的匹配,极大地节省了人们为了获得这些资源的时间和精力,解放了人的本质力量,因而相对于现实空间受到时空三维空间的限制,人的物质本性能够在网络空间中更容易、更便捷、更快速、更个性化地满足。

其次,网络技术能够极大地促进人的社会本性的满足。人的社会本性在于社会关系的建立与互动、社会价值的内化、个体价值的实现。长期以来,人生活于实在的社会环境中,社会关系较为封闭,社会加诸个体的价值观念深深地将个体限制于社会当中,人们之间的互动交往方式有限,而且受制于现实环境,人或多或少带着价值"面具"交往,人的社会本性受到一定的限制。而在网络空间中,人不仅打破社会交往固有的"差序格局",广泛、全面地建立自己的社会关系,而且相比前网络社会,人还可以全面、深入地参与社会、管理社会,人在面对社会、群体不再是"可忽略"的一分子,而是结成一定集体力量、舆论力量改变社会,从而赋予了人作为社会中的人的责任感和社会感。在这里,网络技术不仅赋予社会大众话语权,还为人们进行社会活动和交往提供了内容丰富、需求精准、快速升级的交往方式,相比传统的

"面对面"的时空交往,人们的社会交往需求能够得到最大限度的满足。

最后,网络技术极大地促进了人的精神本性的满足。相对于现实社会,网络技术造就的网络虚拟空间的优势是极其明显的,它不仅具有良好的交互、传播功能,其娱乐功能,如网文、视频、音乐、游戏等领域的开发也极大地充实了人的内在精神,丰富了人的精神世界,吸引着绝大多数社会群体参与其中。除此之外,网络以其技术的平等性、自由性推动了人的自由、公平、民主等意识的增强,也使得整个社会、民族在短短几十年的价值观念、社会心态以及思维模式发生了重大的改变,相对以往的人类文化变迁的速度,网络对人的精神本质的重构速度前所未有。

三、网络空间中的人性比现实人性的危害性更大

"就技术整体而言,内含着有限与无限、必然与自由、物质与精神的内在矛盾,是人性内在矛盾的延伸和外化,与人性的悖论具有同源性"[①],虽然现代技术的创造尽量避免对人性的危害,但基于人的本质的自我建构的技术,不可避免地同源了人性之恶,它释放了人性本性的同时,也强化了人的本来之恶,最终造成了人的异化,并且引发一系列的社会风险。与人性对现实社会的危害相比,网络空间的人性之恶对人和社会的危害更大、更严重,这是因为,技术使用最终是由人来完成,而人都是自私自利、追求自身的愉悦的,出于这种本性,网络技术给人自身和社会运行带来极大的不确定性,主要表现在以下三个方面:

第一,造成人的普遍自我异化。总体来说,这种异化主要有四个方面:一是人与劳动之间的异化,人越来越远离劳动,人的惰性增强,人对网络的

---

① 吴致远:《论技术人性化的内涵与实现途径》,《中州学刊》,2014年第12期。

工具性越来越依赖,人成为网络技术的"奴隶"。二是人与自身认知的异化,在现实社会里,人生活在实实在在的社会关系当中,人的同一性较强,由此产生自我认知分裂的现象并不普遍,然而在网络社会中,人在网络中以符号化形象存在,以符号化交流,长时间浸淫在网络环境里,人会出现自我认知的分裂,从而产生人的自我虚拟化和自我认同危机,产生逃避现实的心理倾向,甚至导致人格畸形和反社会型人格的出现。三是网络技术放大人的诸如贪婪、虚荣、炫耀、畸形好奇心、不正当获利等心理,使人偏离人性当中的善和美好的一面,这不仅异化了人自身,还造成网络中大量失范行为的发生。四是过度沉溺网络严重影响了人的身体健康,网络不仅增强了人的惰性,也使得人的兴趣和爱好单一化,对于缺乏自制力的人来说,不仅损害人的健康生活习惯,损害生命质量,荒芜了人的精神,还严重弱化人的行动能力,引发一系列的健康问题。

第二,促使大量网络犯罪出现,严重威胁人和社会生命财产安全。网络在为人们提供便利生活的同时,也为"不怀好意者"的不轨行为提供了新的工具的可能。从网络犯罪发展的历程看,利用互联网进行传播色情、网络诈骗、黑客攻击、网络传销、网络赌博、网络违禁品交易、网络信息贩卖等网络犯罪案件不断发生(见图2-4),而且涉及的经济金额越来越大,其超强的获利性和作案手段的隐匿性,吸引越来越多的个人和组织的参与,对网络安全、网络金融安全、人民生命财产安全提出极大的挑战,成为网络社会发展的"痼疾"。

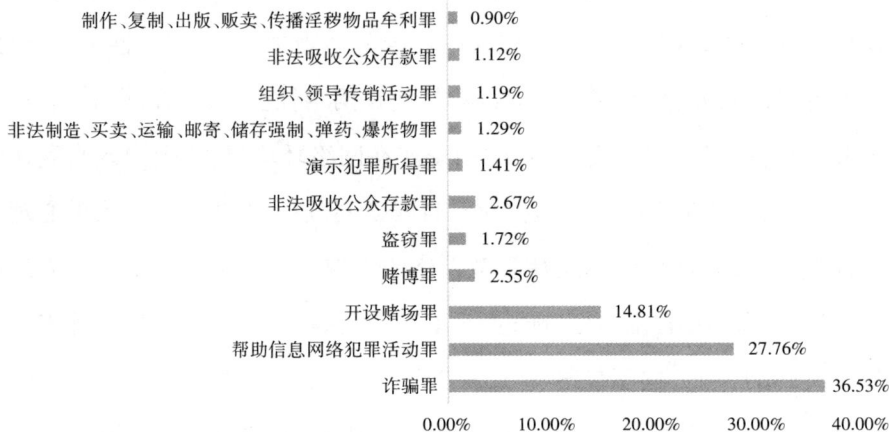

图2-4 2017—2021年全国网络犯罪案件涉及罪名占比排名前十

数据来源：中国司法大数据研究，《司法大数据专题报告：涉信息网络犯罪特点和趋势（2017.1—2021.12）》，网址：中国司法大数据服务网。

第三，引发网络社会运行失序，导致社会风险产生。网络社会作为一个超强联系的社会，个体的地位凸显，网络信息更加分化，社会共识难以形成，社会政治、经济金融、意识形态安全等领域的运行风险比传统社会更加突出，所导致的经济社会后果更加严重。而且由于社会结构更加细化，影响社会运动结构的因素增多，社会运行风险增加。

第三章　网络对人性实现的推动作用

互联网时代,网络技术对人性的实现有积极的推动作用,相比现实社会中的人性完善,网络能够推动满足人类本性的生存与发展的基本需求,能够促进人作为自由感性的人的基本属性——人的自由、人的精神独立、人的创造性等方面的发展。因而,要剖析网络技术的善恶属性,必须首先肯定网络技术对人性的积极作用,这是研究互联网技术对人的发展的根本逻辑前提。

第一节　网络推动人的基本需要满足

需要是人类存在的第一个历史前提,是人们从事一切劳动活动和实践活动的主要目的和根本动机,"人们是在争取满足自己的需要当中创造他们的历史的"[①],人的各种需要及其满足推动着人调节自己的社会关系,改造着生产力的发展形式。人的劳动不是活动的本身目的,而是为了直接或间接地满足人的某种需要,需要是人类活动的出发点和归宿。正是由于人的需

---

① 　[苏]普列汉诺夫:《普列汉诺夫哲学著作选集》(第2卷),生活·读书·新知三联书店,1962年,第27页。

要的多样化、不断升级才使得人类不断发展。网络时代的到来,使人的需要得到了极大的满足。卡西尔在《人文科学的逻辑》中指出:"语言符号理论开启了精神和理智生命的新天地。生命由执着于眼前的和直接的需求的本能冲动转向'意义'。"①网络技术的出现和发展广泛拓展了人的需要,并发展了人在满足和获得人的需要的本质力量。

一、人的需要与人的本性

人的需要问题是心理学、社会学、经济学等学科的重要内容之一,沿着学术研究的脉络,人的需要逐渐成为探索人的问题的历史与逻辑的起点。需要与人的本性具有内在统一性,首先表现为,人的需要是人的本质力量的强烈追求,确证着人的需要的对象化;其次表现为,人既是生产者又是消费者,但归根到底是需要者,需要是生产与消费的统一逻辑;最后表现为,人的需要是人的一切社会关系发展、变化的动力与根据,人们依据各自的需要建立各自的社会联系,一切社会关系是人的需要的结果。因此可以说,人的需要是人的深层的本质,反映着人类本性在自然、社会与自我关系中的深层联系。除了马克思主义需要学说以外,近代人本主义理论家马斯洛对人的需要理论进行深入的研究,其结果具有一定的借鉴性。

马斯洛在其专著《动机与人格》中提出了基本需求理论,他认为人的需要是一个具有明显分层的综合系统,不同层次的需要产生不同的动机,人的需要的层次间存在一定的内在关联性,人们很难断言人的哪种需要更重要、更为根本。马斯洛将人的需要划分为五个层次:生理需要、安全需要、爱与

---

① [德]恩斯特·卡西尔:《人文科学的逻辑》,陈晖、海平等译,中国人民大学出版社,1991年,第49页。

归属的需要、尊重的需要、自我实现的需要,五类需求从低到高层级排列,构成了一个金字塔式的需求结构。

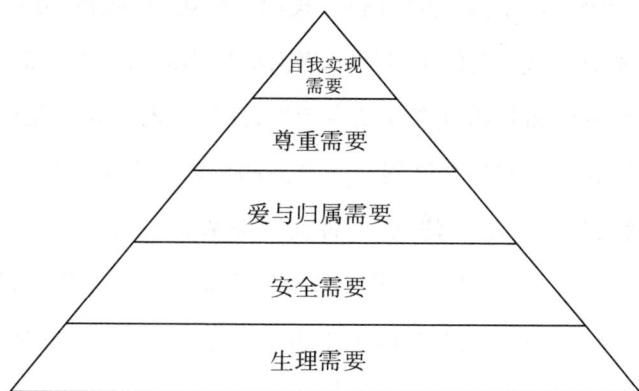

图3-1 马斯洛的需求层次理论

在马斯洛的需要理论中,人的生理需要是人的最强烈、最基本的需要,是人对生存的基本需求。人的生理需求就是人对食物、水、空气、睡眠、性等的需求,只有这些基本的需要得到主体性的满足后,其他需要才能成为新的动力,此时易被满足的生理需要不再成为人的激励因素。马斯洛指出,当人受到肌体需要支配时,他对未来的认识和看法会发生相应的变化,"对于长期处于极端饥饿状态的人来说,他的理想境界可能就是事物十分丰富,他便是最幸福的……自由、爱情、团体的感情、尊重、哲学观念都可以置之一旁,都是无用的东西"[①],也就是说,当人的生理需要得不到满足时,人就会失去理想,变成短视且贪图享受的人。人的生理需要一旦得到充分满足后,人就会表现出对安全的追求。这时,人的感受器官、智能器官主要的机能是获得安全,这些安全需要包括"安全、稳定、依赖、免受恐吓、焦躁和混乱的折磨,对体制、法律、界限的需要;对保护者实力的要求,等等"[②]。对于安全需要的

---

① [美]马斯洛:《动机与人格》,许金声译,华夏出版社,1987年,第163页。
② [美]马斯洛:《动机与人格》,许金声译,华夏出版社,1987年,第44页。

重要性，马斯洛指出，人的"机体可以完全受它们所支配。它们几乎成了行为的唯一组织者，调动有机体的一切能量去工作。因此我们可以公正地说，整个有机体是一个追求安全的机制。我们可以说，接收器、效应器、智能和其他能量主要是寻求安全的工具"①。当人的生理需要和安全需要得到很好的满足后，爱、情感和归属等需要就会产生，并以此成为新的动机中心，重复生理与安全需要实现的整个过程。一旦人的生理和安全需要得到一定程度的满足，人就会渴望与他人建立"一种充满深情的关系"，如亲属关系、朋友关系、集体关系等。人不能没有爱，"爱的饥饿是一种缺乏症，就像缺乏盐和维生素一样"②。人总是追求在团体中占有一个位置，并不遗余力地实现这一目标。

人的第四个层次的需要是尊重需要。马斯洛指出："除了少数病态的人之外，社会上所有人都有一种对于他们的稳定的、牢固不变的、通常较高的评价的需要或欲望"③，这种需要和欲望归根结底是人在社会关系中的尊重与被尊重的需要。在这里，尊重与被尊重表现为自尊和他尊，自尊指的是获得信心、本能、成就、能力、独立和自由等愿望；他尊是指人的威望、被承认、被接受、被关心、地位、名誉和赏识等。尊重的满足能够使人更加自信，对社会充满热情，体验到实现自身的价值的成就感和满足感。人的最高层次的需要是自我实现的需要，马斯洛认为它是一种"人对自我发挥和完成的需要，也就是一种使它的潜力得以实现的潜力"④，人对自我实现的满足方式存在很大差别，他/她可以依据自身设定的目标选择成为理想的母亲、体育健将或科学家、绘画家，自我实现的需要推动个人"变得越来越像人的本来样

---

① ［美］马斯洛：《动机与人格》，许金声译，华夏出版社，1987年，第164页。
② ［美］马斯洛：《动机与人格》，许金声译，华夏出版社，1987年，第2页。
③ ［美］马斯洛：《动机与人格》，许金声译，华夏出版社，1987年，第51页。
④ ［美］马斯洛：《动机与人格》，许金声译，华夏出版社，1987年，第53页。

子"①,激发人实现自身全部潜力的欲望。

在马斯洛的需求理论中,生存和安全的需要属于物质层面的需要,归属与爱、尊重、自我实现的需要属于精神层面的需要,五种需要运行的基本特征是:其一,人的需要从低向高发展,未满足的需要会产生激励,已满足的需要不再产生需要;其二,人的需要不是单一地存在人体当中,而是多种需要共存,在低级需要未满足时,高级需要也会存在,但不是主导需要;其三,人的各种需要交叉存在,低级需要不再在高级需要满足后彻底消失,生理需要永远是人的最基本的需求。

客观来讲,马斯洛的需要理论从人的生物属性出发,论证了人作为个体、类群体和精神本体的一系列行为动机,肯定了人作为自然存在物、社会存在物的需求满足的合理性和客观性,基本理清了多层次、多样化的需要下人结成自然关系和社会关系的复杂性和规律,为网络时代我们观察人的本性提供了重要的研究思路和研究角度。对于马斯洛和弗洛姆的需求理论的共同点,我们不妨将他们的需要理论大致归类为人的生理需要、社会性需要和自我实现的需要三大类别和三个层次:生理需要是人的初级需要,是社会性需要,是自我实现与自我价值需要的前提和基础;社会性需要是生理需要基础上的丰富,是引发了自我实现与自我价值的二级原因,是人的社会性的本质体现,我们可以将其归类为人的中级需要;自我实现和自我价值的需要是人摆脱了生理需要和社会性需要束缚的高层需要,是人的全面自由发展应具有的属性,是人类文明和人的价值的精华和最高追求。

---

① [美]弗兰克·戈布尔:《第三思潮:马斯洛心理学》,吕明、陈红雯译,上海译文出版社,1987年,第45页。

二、网络技术推动人的需要的满足

不可否认，从马斯洛的需要理论角度能够较好地解释网络技术对人类本性的促进作用：网络促进了人的本质力量的延伸，网络社会已经成为人们获得物质资料、满足人们社会交往需求、体现个人价值的重要场域，网络媒介已经成为人们满足日常生活需要的基本工具，人与网络的依存关系越来越密切，为满足人的各种需要提供了坚实的基础。

(一)网络技术推动满足人的生理需要

人的要求是多层次、多样化的，且随着社会环境、人的自我意识的变化而不断变化。根据马斯洛的需要层次理论，生理需要是基础，自我实现是人的需要的最终指向和持续内驱力，人类最基本的生理需要在网络技术的整合下，更容易得到满足。在前互联网时代，人们获得食物、住行等信息主要依靠广告、电视、广播、杂志等途径，人们缔结恋爱、婚姻关系严重受到地域、社会关系的束缚。而在网络时代，网络上汇集了各类的购物信息、美食信息、便利服务信息，人的衣食住行的需要随时随地可得，全球的商品可以在几天内送货到手，移动设备整合了碎片化的时间，满足了人的碎片化需要。全球资源在物联网、物流系统、云数据技术的支持下变成了唾手可得的手边物品，外卖、网约车、酒店预订、网络菜市场、网络购物等强化了人的生物需要满足的便捷性、可获得性。

此外，网络技术带动满足人的潜在需要。按需要的程度和目标指向，人的需要大体上可以分为显性需要和潜在需要，显性需要的程度强烈且目标明确，在互联网产业竞争中，这一需要的形式、内容和升级被企业以特定的方式和服务固定下来，需要的品质不断提高，内容不断拓展，形式不断多样化。潜在需要也具有明确的意识和欲望,但由于生产能力的发展还不能满足,或无法明确表达、无明确指向性。对于潜在需要的不确定性,福特汽车创始人形象地指出:"如果我当年跑到大街上问用户需要什么,他们肯定会告诉我需要'一匹更快的马'。"这就像微信、微博、短视频等网络技术出现一样,每个人都想以最直观的形式表达内心深处的渴望,获得他人的认同和共鸣,因而更快、更直观的潜在需要不断被新的网络技术所满足,从而变为显性需要。

(二)网络技术推动满足人的心理安全需要

在网络虚拟空间中,人们能够隐藏自己的身份,能够在自己的安全舒适区与他人和社会进行交往。社会心理学家指出,在现实生活中,人需要一定的"面具"和必要的"谎言"来掩饰自己,因为每个人的内心和现实社会不总是一致的,相对于现实社会对个人的严格要求,人们更倾向于在虚拟空间中美化自己,以此舒缓现实社会中的个体自卑与紧张的心理,从而获得在虚拟空间的自我价值和成功。另外,心理学家还指出,在网络的匿名性能够为个体暴露自己真实想法、隐私提供庇护,也能够在匿名的状态下坚持自己的想法与意见,发泄和轻易说出在现实社会中的压抑,缓解人们在现实社会交往的不平等、焦虑感,从而满足人们心理上的安全需要。

(三)网络技术推动满足人的归属和爱的需要

在马斯洛的需求理论中,爱与归属的需要属于第三层次的需要,是人们渴望与他人相处融洽,获得爱(亲情、友情、爱情)和集体认可与尊重的需要,是在人们的社会交往中形成的。从社会化角度讲,被爱、被接纳、形成良好的人际互动是人类本性的向往。然而在现实社会生活中,人们的交往常常受到偏见、功利、环境、距离的影响,使得人际交往的难度增加,个人难以被社会和他人接受。网络的平等性、广泛性使人们在社会交往中只遵循"快乐"的原则，选择合适的个体或集体培养关系，而不必受他人和社会偏见的影响，从而获得"合心理"性关系。另外，网络技术依据个体个性化的特点搭建舒适的、人性化的、基于兴趣、爱好的族群和"社区"，也为人们获得归属和爱的需要提供了技术支撑。

(四)网络技术推动满足人的尊重需要

每个人都有自尊和被他人尊重和肯定的需要，然而在现实空间中，自卑感强烈的人往往很难获得自我肯定的评价，也较难在与他人的交往过程中找到被肯定、被尊重的感觉。网络"再造"和"掩饰"的功能，将一个人的身份、性格、角色等进行"美化"，可以在游戏、网恋中找到自信和尊重，给人们带来在现实社会中无法实现的感受，从而使个体的尊重需要得到极大满足。

(五)网络技术推动满足人的自我实现需要

马斯洛认为，人要获得自我实现的满足，就需要努力变得越来越像人本来的样子，展示人全部的潜力和能力。也就是说，人只有通过自己的努力，实现自己的理想和抱负，最大限度地发挥个人的潜能，才能获得强烈的自我成就感和喜悦感，而这在现实社会中较难实现。在网络社会中，网络技术却最大限度地促进了这一需要的实现。在网络中，网络游戏带给人的力量感和自我成就感要远比现实社会容易得多，网络游戏的对抗、通关等技术设置能够极大地提升人们的参与感和成就感；网络给人提供的时政信息，带动人们参与政治、经济与社会管理，进而激发了人的社会责任感与效能感；网络生活资讯、网络经验获得提升个体能力，也能提升个人的自我肯定、认可与成就，从而大大地满足了人的自我实现的需要。

第二节　网络促进人的精神世界与情感世界更加丰富

技术进步不仅推动了社会的巨大发展,还丰富了人的物质与精神需求,从某种程度上可以说,技术进步的过程是人类本性不断被物化、不断被"文"化的过程,人在物化的过程中一方面满足了人的物质化需求,另一方面也产生了人与自身的分离;人在"文"化的过程中不断填充和丰富人的精神本质,提高人的意志、情感、感性等人的正向内在精神。网络技术的出现及其在社会生活中的广泛应用,创造和丰富了人类精神文化生活的新内容、新方式,网络社会空间已经成为满足人们多样化精神文化需求的重要领域,推动着作为个体价值和类群体价值的人及人的丰富性不断走向历史深处。

一、网络技术创造了异彩纷呈的网络文化空间

关于网络文化的基本含义,学者们有不同的理解。多数学者认为,如同文化有广义和狭义之分,网络文化也有广义和狭义之分,对于广义网络文化的内涵,学术界的认识基本一致,认为是网络时代产生的一切文明成果;对于狭义网络文化,学者们的认识有一定的分歧:有学者认为,网络文化是与现实空间文化相区别的文化,是一种虚拟的文化现象;有学者认为,网络文化是一种精神层面的文化,是以互联网和移动网络为载体,由广大群众创造出来的各种文化现象的总和;还有的学者将其理解为现实社会文化的延伸和现实社会多样化的展现。梳理学者关于网络文化的基本内涵,我们发现,学者们大都认为网络文化是网络技术、人以及现实社会三者相互作用的结果,是人的精神属性在网络空间的展现。

（一）网络文化的实质是人的精神活动

从本质上讲，网络文化是人的精神活动及其产品。人的精神活动在网络空间的展开基于一定的网络技术特性，即人的思维、精神被放在了一个开放性、平等性、可选择性的生产与需求互动的情境当中。在此情境中，人与人、人与社会之间的界限变得透明化，人可以跟随人的心灵习性，创造出多样化的自我存在方式、社会交往方式、情感体验方式，并最终以产品、价值、观念等形式在现实社会中确立。因此，可以说，网络文化体现了人在网络社会空间中知识水平、心理状态、交流方式、思维方式、价值观念、道德修养、审美、情趣、休闲娱乐等，反过来，也促进了人在这些方面体验的丰富性，体现了人的精神在网络空间里的精神丰满。

（二）网络社会的基本特性造就网络文化的繁荣

由网络技术建立起的网络文化既具有技术特性又具有人的本性，是客观技术与主观世界相互作用的结果。从网络社会诞生起，网络社会空间里的文化现象就层出不穷，对人和社会的生活方式、思维方式的更新速度是任何技术都不可比拟的，必定引起人的精神活动和文化活动的场域变迁。可以说，网络文化空间的建构与更新是由网络技术契合了人的精神外化要求而引起的，在本质上是由网络自带的基本属性——高级技术性、虚拟性、超时空性、自由性、开放性、透明性、平等性、交互性、即时性、海量信息性、共享性、创新性、自主性、全球性、多样性等所决定的，这些属性与人的自然需求、社会需求和精神需求的不断相互作用，推动了网络空间文化的极大繁荣，成为人类精神栖息的第二大空间，甚至是主要空间。因而，在这样的一个空间里，网络文化中反映出的人类价值更趋向人类的本性，是人的精神、情感在较高社会发展阶段需求的反映。

二、网络技术促进人的精神世界更加丰富多彩

马斯洛认为："作为人的本质的一部分,精神生命是确定人的本性的特征,离开了这一部分,人的本性就不完满。"网络建构了一个由信息构成的有意义的世界,这个世界虽然是虚拟的,但它也是人的精神的外化形式,反过来也促进了人的精神世界的开发。

第一,网络技术创造了大量的网络文化产品,丰富和拓展了人的精神体验和精神世界。网络媒介的崛起使文化的生产方式和生产内容发生了巨大的变化,网络文学、网络剧、网络综艺、网络视频、短视频,网络音乐、网络游戏等网络文艺产品借助网络平台产生了大量的网络内容,极大地开发了人的娱乐精神,网络内容生产主体打破了传统知识精英的垄断,大量的社会中层和基层的主体涌入网络文化创造之中,网络文化内容在海量创作主体的交互作用下爆炸式增长,产品的内容与形式更加符合民众的文化需要,相比传统文化对人的精神世界的丰富作用,网络文化产品无论是数量还是内容对人的精神开发程度都有了极大的提高,这是网络媒介的文化魅力所在。

第二,网络技术拓展了人的交往范围和交往方式,培育和开发了人的自由、平等、公正等现代民主精神。相对于现实空间不自由、备受束缚的现实,网络社会空间是通过"另起炉灶"的方式,搭建了思想领域的去权威、去中心、开放性、平等性、匿名性的虚拟空间,这一空间的内容是在带有社会性、独立性个体在平等、开放的交往中形成,人在此空间中享受前所未有的自由、公平与自我,释放了人的精神天性,完善了人的主体性。

第三,网络社会空间的交往符号化赋予了人的符号交往灵活性和丰富深刻的个体存在意义。网络社会空间中,人的符号化交往不是一个机械式、无感情的交往过程,而是一种灵活生动的、富有社会意蕴的符号交流与再符

号化的过程。这种符号以文本、图片、视频片段等形式在特定的语境、场合出现，人的内在精神通过文本、图片以一种幽默、自嘲、灵动形象的方式展现，是一种创造性交往文化的凝结，形象、准确地表达了人的真实情感。网络语言符号深刻地展现和刻画人的真实感受，使属性相似的人产生了极强的精神共鸣。如"单身狗"这个网络语言在交往过程中形象地表达了个人情感、自我嘲讽与现实无奈；做一个"精致的猪猪女孩"则表达了人热爱生活和乐观的精神状态；"老司机""我开始方了""蓝瘦香菇"等网络语言更是灵活地赋予了人的实在状态和精神本质，成为人的精神外化的一种渠道。

三、网络技术为人的情感世界提供了多样化的体验渠道

人的情感凸显人的本性，情感世界的丰富是人的内在完善的重要特征和标志。作为社会存在物，人的情感是在相互交流中表现出来的，场景变了，人的情感交流方式必然发生变化。网络技术为人的情感交流和丰富提供了新的社会载体，为人的本质力量的展现提供了新的社会条件，构建了新的实践场域。人的情感在这一场域中交流的内容更加丰富，方式更加多样化。

首先，网络技术提升了人的情感交流的便捷性。与时空受限的现实社会相比，网络虚拟社会中的情感交流更加便捷化。人只要点击屏幕或敲击键盘，输入发送个性化的情感交流符号就能与他人交流自己的喜怒哀乐，这种交流不限时间、不限地域、不限社会地位，运用简单的表情符号、图片或网络语言文字就能表达出相当复杂的情感。此外网络视频的出现更是加速了和真实再现了人的"零距离、超时空、面对面"的情感表达，缩短了人与人之间情感交流的空间距离，最大限度地还原了人的情感交流的真实性和可触性。

其次,网络技术为人的情感交流提供了多样化的情感体验空间。自从社会网络进入人的日常生活后,民众在"两微一端"、各种兴趣社区中进行互动交流成为日常必然进行的项目,网络无限地拓展了人们的生活空间,人在彰显个性的同时,更希望在虚拟的网络空间中找到具有共同爱好、共同观念的志同道合的伴侣。人的复杂性、多面性与社会性使人要求摆脱心灵的孤独,找到灵魂的归宿,人在被网络技术同质化的同时,内心也渴望得到他人和社会的认同,正是在这种认同的驱使下,人们集聚在各种情感论坛中,集聚在各行各色的网络俱乐部中,从而寻找心灵的栖息地和丰富自我精神的"圣地",安放了人的情感与精神。

再次,网络技术扩充了人的情感交流内容。在网络社会中,人与人的交流以"人机结合"的方式进行,人在此空间没有物质外形,没有国别和年龄,人的情感在这样的空间内交流的心理压力比较小,情感表达的欲望和要求强烈,能够更直接地表达自己的真实态度和想法,表露出自己的喜悦、悲伤、欢乐、忧愁、热爱与不满,甚至表露出深藏内心的不便展示的复杂感情,使人的情感表达呈现方式和呈现内容更加多样化和更加丰富多彩。

最后,网络技术提供了全新的、创新性的情感体验的方式。网络技术的升级将虚拟现实技术发挥到极致,AI技术、VR技术等打造的超时空、超现实、超逼真的虚拟现实场景,将人们带入一个全新的肌体体验和感受领域,全面打开人的感觉、触觉、嗅觉等肌体感受器,给人带来前所未有的惊喜、惊叹与快乐,极大地满足了人对新事物、新场景的好奇心与体验感。

第三节　网络促进人的创造性发展

创造性是人类最宝贵的品质,是人类本质力量的体现。马克思认为,人的自由自觉的创造性实践活动是人的真正意义上的存在形式，它标志着人类的自由生存，促使人摆脱对"物的依赖"和"人的依赖"，实现了人作为一个自由实践、全面发展和彻底解放自身本质力量的真正的人。[①]对于什么是创造性活动或创造性劳动，是一个见仁见智的问题，学者从不同的角度给出不同的解释：捷普洛夫认为，凡是能提供新的、独创的、有高度社会价值的活动，都叫创造性活动；曹日昌认为，创造或创造活动是提供一种新的且是第一创造的、新颖的而且具有社会意义的产物的活动；张敏认为，在观念意向的指导下，为了获得基本价值的需要，并且在方式、方法上有所创造的活动，叫作创造性活动，观念的创新是创造性活动得以进行的充分必要条件，是区别一般活动的基本特征。

从以上不同的定义我们可以得出这样的认识：所谓创造，就是生产一种前所未有的新成果、创造新的社会价值的活动过程，这一过程具有鲜明的两个特征：一是具有鲜明的新颖性、独创性和前所未有性，二是具有一定的社会价值，既具有一定的精神文化价值，又具有一定的物质价值。创造性活动的独创性、新颖性和社会价值性标志着劳动过程的艰辛与不可多得，需要人具有艰苦的精神、顽强的意志，需要社会提供宽松、自由、富有知识性的社会环境，是知识、信息、人的意志与能力与社会共同努力的结果。

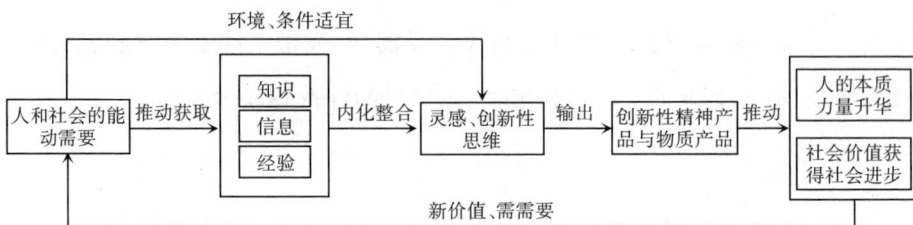

图3-2　创新性思维与人的发展、社会进步的关系图

①　班保申、匡瑾璘：《创造性生存的理论意蕴及逻辑特征分析》，《黑龙江社会科学》，2009年第6期。

网络化时代，人们的日常工作和生活发生了巨大的变化，人的思维方式也在很大程度上被重新整合，人的生活能力、创新能力等被网络技术明显提升，人的思维在网络的训练下，具有更强的系统性、开放性和创造性，生产出前所未有的事物、精神与文化产品，极大地丰富了人的现实生活。

一、网络为人的创造性思维提供丰富且专业的经验、知识和信息

网络社会的本质在于信息的生产与传递，网络社会的开放性、参与的低成本和信息检索的工具性，吸引了民众的无时无刻不参与信息的生产和获取。网络技术改变了知识、经验和信息的生产和获得方式，一方面通过数字化储存知识、经验和信息，方便人们随时随地获得所需信息；另一方面通过交流不断生产和传递经验和知识，为人的创造性发展提供了源源不断的极为充裕的信息。因而，在网络技术的推动下，人的自身知识和实践技能得到了极大地提升。

网络社会是以数字符号为支撑的巨大信息池，这些信息按照不同的分类构成了网络社会的不同功能。从静态角度讲，网络信息是被储存在电子设备中的具有社会价值、精神价值的数字符号，以文本、图片、视频等形式存在，可以通过存取查询的方式获得。按照信息的利用性质划分，可以分为开放式信息和封闭式信息；按内容分类，可分为经济、政治、文化、社会等工具性信息、历史文献性信息、文娱信息等。从动态角度讲，信息的发布者和生产者每时每刻都在创造新的信息，涉及人类一切领域的网络信息无时无刻不涌现，网络社会的发展在动态信息的推动下不断前进。网络信息在自由意志中不断产生，造成了信息的爆炸。

海量信息由人创造，这些信息传递着信息本身，也传递着知识、实践经

验，具有强烈的工具性、改造性、指向性和确定性，在很大程度上实现了信息与事物的对称和确认，为人的创造性思维的形成奠定了坚实的知识、信息与经验基础。

首先，网络信息的丰富性为人的创造性发展提供了坚实的"物料"。网络信息是人将现实社会中的事物、现象和知识以数字化的方式显现在网络空间中，这些信息没有空间、时间的限制，只限于信息获取的链接方式，只要获得了信息的链接方式，人们随时随地可以获得自己所需的信息，这就为人地进行生产、生活提供了知识和信息，提高了人的生存能力。

其次，网络信息具有强烈的知识性。在不断地淘汰和更新迭代的过程中，网络知识逐渐由不确定的、说服力不强的"软知识"转化成镶嵌在人的内在结构当中的"硬知识"，"随着网络和信息技术的快速发展，软知识大量出现，并且越来越重要"①。新事物、新模式、新理论、新概念在不断建构过程中，新知识不断涌现，并结成了具有结构性、稳定性和创新性的知识体系，是新技术下人的知识的新的增长点，不断建构和优化人的思维和大脑。

最后，网络信息的交流具有经验传递的特点。网络信息的社会性交流给交流的双方带来了经验的传递，在他人的经验指导下，人们的实践可以少走"弯路"，并可以在他人经验的基础上进行理论和实践创新，获得更具独特性、新颖性的物质产品和精神产品。

网络时代的信息、知识和经验的激增和交换，网络信息的广泛共享、传递、再生、互动，促进了信息的快速流动，提高了人开拓新领域的能力。这种信息与知识的获得具有平等性，每个人都可以在网络信息的开发和指导下获得认识的升华，并在个人的社会生活、工作和思维方式上实现前所未有的

---

① 王竹立：《论智能时代的人——机合作式学习》，《电化教育研究》，2019年第9期。

改变,从未真实地提升了人的内在创新性和创造性。

二、网络技术改造人的思维的内部连接方式

网络技术推动人的思维和认知方式发生革命性的变化,正如美国未来学家阿尔温·托夫勒指出:"在深刻变革信息领域的同时,我们注定要改变自己的思想——改变我们思考问题,综合情况,预测行动后果的方法。"①网络造就了人的网络化思维,这种思维是人类发展史上思维方式和认识方式的革命性转变。网络化思维是一种信息化思维、非线性思维、交互式思维和创造性思维,②它起始于网络社会实践的改变,并在开放的、互动的动态认知过程中,对已有的认知进行刷新,不断探索事物的丰富性与复杂性,推动事物向多元、多样方向发展。

第一,塑造人的开放性、共享性思维。网络技术创造了一个完全自由开放的空间,完全超越了时间和空间的限制,在此基础上,人的思想与思维同样继承了这种开放性和共享性思维,形成了一种全面开放、实时共享、乐于接受新事物、新思想的思维结构。网络的开放性和共享性促进了人的大脑、人的思维时时刻刻接受源源不断的更高效、更优质的知识、资源、信息与经验,因此,网络成为人脑不断补充新思想、新内容的源泉,成为人们加速思想活跃的润滑剂。

第二,塑造人的交互式、发散性思维。网络打破了传统的熟人社会交往的模式,实现了网状交往结构,每个人在一定的节点上可以直接或间接地与不限地域、不限时间的人和物进行交换信息,发生联系,体现了世界万事万

---

①　[美]阿尔温·托夫勒:《第三次浪潮》,朱志焱、潘琪、张焱译,生活·读书·新知三联书店,1983年,第358页。

②　邓兆明:《网络化的哲学意蕴》,《岭南学刊》,2001年第2期。

物普遍联系的最高形式。全球范围内的物质、能量、人、意识、信息、社会在这种形式下结成丝丝环环相交相扣的生态系统，促使人摆脱了以往单向性、限制性的思维，培养了人的发散式、交互式、普遍联系式的思维取向。

第三，塑造人的创新性、超越性思维。网络技术的创新和发展促进了人类网络化思维的创新和超越，随着网络技术在人类社会生活的全面铺开，网络技术不仅给人带来感官的惊喜，还在感官体验中不断积累和努力趋向网络化生存。网络为民众提供了充分发挥自主性和独特个性的平台，随着平台的更新换代，人们的思维不断超越原有的思维定式、思维方法，不断填充新的思想内容和思想成果，从而促使人的思维向着更加个体化、更加深入、更加广博的方向发展，赋予了人的思维方式极大的创造性、超越性和创新性。

第四，塑造人的自主性和个性化个人特质。相比传统和现实社会，网络社会给予了普通人极大的个人自主性，给人提供了发展个人兴趣、爱好、个人特质的广阔的平台，极大地尊重了人作为一个单独个体所具有的尊严和空间。因而，在这样的一个自主性比较强、自由度比较高、摆脱了现实社会身份、地位、关系束缚的个人，能够充分发展自己的自由意愿和个人兴趣与爱好，形成人人自主、人人创新的社会氛围，激励和推动了人的自我超越、自我价值实现、自我本质力量展现的创造精神。

三、网络化学习与教育为创造性思维的培养创设外部条件

"互联网提供的海量信息源和知识源、新的网络教育形式，给劳动者以新的学习机会，对于提高劳动者的素质、激发其创新能力具有积极的作

用。"①据CNNIC《第47次中国互联网发展状况统计报告》显示,截至2020年
12月,我国在线教育的用户规模达到3.4171亿,其中手机在线教育用户规模
为3.4073亿(见图3-3),这表明中国社会已经进入了互联网学习、分享学习
时代,为民众进行终身学习提供了技术条件。

图3-3 2016—2020年我国在线教育用户规模

　　网络技术不仅可以整合正规的学校教育,实现学校教育手段、教育方
式、教育理念的多样化,而且还为职业人、老年人和业余爱好者提供了良好
的再教育平台,并且随着网络技术与社会生活的逐步深度融合,衍生出不同
专业领域、适合不同人群的学习和交流的平台。

　　网络技术塑造了全新的教育模式,不仅提高了人的学习兴趣和学习能
力,还塑造了人的碎片化学习、网络化学习的意识。传统的学校教育的弊端
主要体现在教育素材、教育工具和场地的限制,学生处于较为被动的"灌输"
学习,缺乏教育的灵活性、丰富性和知识的易被接受性,导致了学生学不会、
没耐心、没兴趣,影响了学生的知识输入、累积和沉淀。网络技术有效地解

---

① 魏钢:《网络观与网络的工具性和文化本质》,《探索》,2004年第2期。

决了内容教学的方式方法的灵活性，新媒体教学增加了知识内容的丰富性和可理解性，可以集中优势教育资源进行教学，促使学生由"被动学习"到"主动学习"的转变，激发学生的学习兴趣和学习的好奇心，从而全面提升学生科学知识的学习，为人的创造性发展提供知识素养和智力支持。

此外，网络技术促进社会人、职业人、老年人和业余爱好者的学习能力的提高，将全民纳入了学习的行列，提高了全社会的学习能力和学习愿望，为大众创新提供了知识储备。随着工作和生活的日益网络化，网络技术为社会人的学习提供了种类丰富的学习应用软件和学习网站，人们可以根据自己的职业、兴趣、爱好选择学习内容，并根据学习"攻略"和视频指导锻炼自身的实践能力，培养创新意识和创新能力。

第四节　网络促进人的自由的实现

自由是网络的重要禀性，是人们亲近网络、接受网络化生存的重要原因，也是网络展现魅力的重要属性。在高度发达的互联网时代，网络技术赋予了现实的人在自由度上的巨大提升，给予人前所未有的自由体验。主要体现在：第一，网络技术通过提高社会劳动生产率，不仅为人类提供充裕的物质财富，也为人的发展结余了更多的时间，使人有时间充盈人的内在和外在；第二，网络空间的平等性、网络内容的无边界性充分填充了人的发展的自由内容，体现了人的自由意志，尊重了人的自由选择权，造就了人的自由精神；第三，网络促进人类的个性的自由充分发展，网络技术创造虚拟交往环境和各种情景体验性的场域为人的自由个性的发展提供了保障。

一、网络技术为人类的发展创造更多自由时间

（一）自由时间是人实现自由全面发展的根本条件

自由时间是人向往诗意生活的方式和途径，是马克思主义关于人的发展学说的重要维度。自由时间是指人可自由支配的时间，马克思将其定义为"闲暇时间"。马克思在《经济学手稿（1857—1858）》中指出，人的闲暇时间是人可用来从事较高级劳动的时间，是"人能够直接用于发展自身各种本质力量的时间，是使'人得到充分发展的时间'"[①]。在这里，马克思认为时间不仅是人的生命的尺度，还是人的发展空间。自由闲暇的时间作为一种不受约束和限制的时间，是与劳动时间相对应的非劳动时间，是个体接受教育、进行艺术创造、参与社交活动等促进人的各种能力发展所必需的时间。人只有从物质生产条件中解放出来，才能绽放生命的精彩，才能体验生命的意义。因而，我们可以得出这样一个结论：人的自由发展的根本前提和条件是自由闲暇时间的获得，而自由闲暇时间的获得是与社会生产力的发展与节约社会劳动时间相联系的。

首先，社会生产力的发展是自由闲暇时间增加的根本性因素。社会生产力的发展程度直接关系到物质财富的充裕程度，人的物质性建立在一定物质财富基础之上，只有通过提高社会生产力，提高劳动生产率，生产出足够满足人的生存需要的物质财富的基础上，开辟自由闲暇的时间，满足人的精神性、创造性发展。

其次，通过节约劳动时间也可以增加自由时间。马克思指出："社会发

---

① 《马克思恩格斯全集》（第四十六卷）（上），人民出版社，1979年，第211~226页。

展、社会享用和社会活动的全面性，都取决于时间的节省。"①提高劳动生产率必然导致社会劳动时间节约，节约社会劳动时间的目的是提高劳动生产率，两者过程相互作用，形成了生产力循环螺旋上升的发展态势，最终使个体获得自由发展的时间。因而，人的自由发展的根本条件在于个体可支配的自由闲暇时间的获得和增加，根本途径是促进社会生产力的发展，具体途径是提高劳动生产率，节约劳动时间。

(二)网络技术为人的自由全面发展创造了相对充裕的自由时间

摩尔定律认为："同一面积集成电路上可容纳的晶体管的数目每18个月就会翻一番，其性能也会提升一倍"②，这一定律揭示了网络技术发展的快速性，由网络技术支撑的社会生产和社会结构将会日新月异地发生变化，生活于其中的个体是最大的受益者，体现在网络技术极大地缩短了社会必要劳动时间，创造出相对充裕的闲暇时间。

第一，互联网技术普遍在开发、生产、销售等领域的广泛应用，使得整个物质生产和交换环节的自动化水平得到极大的提高，相应地也极大地提高了社会劳动生产率，社会劳动生产率的提高意味着劳动时间的节约和非劳动时间的延长。第二，网络技术使生产、生活的网络化程度不断提高，人们的劳动内容越来越趋向信息处理等知识性的劳动，人的劳动时间和劳动空间不再受到约束，工作的灵活性与弹性大大增强，人们可以灵活地安排劳动时间，间接地增加了人的自由时间。第三，由网络技术搭建的远程教育、远程会议、远程医疗、数字图书馆、网络生活服务以及网络购物等行业的发展，免去了人们的空间距离的奔波，为人们节省了大量的时间，增加了人们的自

---

① 《马克思恩格斯文集》(第八卷)，人民出版社，2009年，第67页。
② 陈有勇：《互联网时代的企业组织转型研究》，中共中央党校博士学位论文，2016年，第18页。

由时间。第四,网络技术的广泛应用开辟了经济发展的新领域,为社会积累了大量的社会财富,大量的社会财富的增加使人们的工作时间大大缩短,延长了人们的自由时间。第五,网络技术开辟了新的休闲娱乐空间,不但丰富和改变了人们的娱乐内容、娱乐方式,也吸引人开发和节约更多时间用于网络化娱乐、休闲与交流。

与农业时代、工业时代等相比,网络技术的发展使人类社会从农业、工业生产等高强度劳动下解放出来,信息化、自动化、知识化生产不仅重构了整个生产和交易过程,使社会快速积累更多更大的社会财富,使人不必为"生活资料"而过度劳动,而且还节约了人的社会劳动,缩短了人的劳动时间,给人创造更多休闲、娱乐、健康、增进亲密关系的时间。

二、网络空间尊重和满足个人的自由意志与自由选择

关于自由意志和自由选择,一直是古往今来学者探索的问题,这一问题伴随着神性与人性、理性与感性、个体性与公共性及人的存在意义的思考而产生,经历了一个由隐到显的过程。古希腊的学者没有提出明确的自由意志的概念,却把人的理性提升到决定人的主体性的高度。中世纪自由意志与基督教神学结合,人的自由意志被严格限制在上帝赋予的为善的框架内,人的自由意愿和自由意志是恶行的来源,人要得到上帝的救赎和恩典,就必须使自己的言行与上帝的旨意相一致,因而人的自由意志被严格控制。文艺复兴时期,学者们对人性持乐观的态度,强调人的尊严、价值和创造力,因而也肯定人的自由意志。近代以来,随着机器大工业在全社会铺开,在思想和社会领域,人们将自由意志看作人自身所具有的选择能力,强调人的自由性成为全社会的基本价值诉求。

在网络化时代,人的社会与思想活动突破了时空限制,人的自由意志与

自由选择得到了空前的满足。尼采认为现实的世界是伪善的世界，"人们生活在何种奇异的简单化和伪造中"①，他认为，在充满伪善的传统道德世界中，人难以实现真正的意志自由，而超人意志可以实现意志自由。互联网技术给人的思想和精神创造了这样的一个超人环境：一方面互联网社会是现实社会的延伸，另一方面互联网社会又和现实社会有巨大的不同，它是去中心化的开放世界，它最大限度地体现了每一个个体的自由意志，可以尊重每一个独立个体的自由选择，隐匿的个体可以自由出入网络，可以自由转换身份角色，发表言论；可以自由地与他人交往，自由地选择信息，自由地发挥自己的创造性。这些自由都是个体价值的重新选择和自由意志的最大限度的体现。这是网络技术的魅力所在，也是人避实就虚的重要原因。

三、网络促进人类个性的自由充分发展

根据马克思对自由个性的理解，可以将人类的自由个性和个性的解放归纳为："个人的主体性、创造性和能力从现实的、物质的、社会关系的或者思想的束缚与限制中解放出来，使社会的每一个成员都既能有独立的人格，又得以自由地发展和发挥它的全部才能和力量，同时也尽可能地发展自己的兴趣、爱好。"②人的个性是自然性、社会性和精神性的统一，民主政治、市场经济的发展和社会思想的解放的主要任务就是实现人的能动性、自主性和独立性，即在物质基础丰富的基础上，实现人的社会性自由；社会教育则是要根据每个人的特点，发展个人的特长、能力和素质等，实现人的个体性自由。具体地讲，人的自由个性主要包括以下四个方面：一是人在活动中结

---

① ［德］尼采：《论道德的浦西·善恶之彼岸》，谢地坤等译，漓江出版社，2000年，第141页。

② 徐绍刚：《个性解放新论》，中共中央党校博士学位论文，2000年，第3页。

成多样性、整体性的个性,这是个性的基本内涵,人在本质上是多样性与整体性的统一;二是人同世界关系的广度和层次性是个性发展程度的基本参数;三是人的自由自觉的创造性劳动是增强人的肉体和精神丰富性的最佳方式;四是人的个人爱好、兴趣和各种倾向性是人类个性的外在表现,标志着人的外在独立性。网络社会的出现为人类个性的自由充分地发展提供了广阔空间。

(一)网络技术延伸了人的自由个性的实践空间

思想空间作为虚无缥缈的空间,一直存在于人的思想文化层面,是一种无实体的空间,思想交流主要是以人的现实交流、纸质媒介和电波媒介交流为支撑,受现实社会的影响,是一个中心化、权威性的空间,要求人具有一定的阶层、职业、文化素养和文化能力,多数普通大众的思想空间受制于现实时空,受制于人的社会性,人的个性的多层次、多元化发展受到极大的阻碍。网络技术诞生后,网络"化虚为实"的功能使人的思维空间转化为现实,网络空间的信息互动增加了人的信息量,人的信息量的增加充盈并丰富了人的内在主体性,使人成为更完善的人。

(二)网络技术能够促进人的独立个性、自主性和能动性发展

马克思在论述人的全面发展时指出:人的本质的发展是"人以一种全面的方式,也就是说,作为一个完整的人,占有自己的全面的本质"①。在这里,马克思强调完整的人应当充分展现自己的特性、自己的全面的本质,人应当是一个自由的、自我导向的生物,不应该靠别人的恩典而生存,而是靠自己的"双脚站立"不断向前进。在人与他人相异的维度上,"人的本质体现为人

---

① 《马克思恩格斯全集》(第四十二卷),人民出版社,1979年,第123页。

的个性或者特殊性，人的个性就是人的自由性、自愿性和自主性。这种特性指个人能够自觉、自愿、自主地控制和支配自己的社会关系，驾驭对自己的发展起推动作用的外部力量"①。在马克思看来，人的自由全面发展首先表现为人的体力和智力、现实力与潜在力，自然力与社会力，道德力与审美力等最大限度地发挥；其次表现为人的社会关系和谐丰富的展开，人的社会关系应该由贫乏走向丰富，由封闭走向开放，人在其实践过程中展现自身的自主性，表现为人不再受强权或阶级限制，不再受外在的东西的压制。有个性的人是人的自由全面发展的核心，指的是人的个性的基本内涵自由充分地实现，即"人的体力、智力、能力、意志、情趣、爱好、特长等个人自身属性的充分发展，并与社会关系、交往条件相适应，个人对社会具有自主性"②。

网络技术的发展为人的自由个性的发展提供了充分的条件。

首先，全球网络系统使世界资源相联系，使资源以信息的方式存在，打破了资源、信息与人类劳动的信息的不确定性，为人类的自我发展创造了大量的自由时间；另外，网络技术结合大数据、云储存、人工智能等解放了人的体力和脑力劳动，也使得人有充分的时间和精力发展自己的兴趣、爱好和特长。

其次，网络技术丰富了人的感性认识和感性能力，数字化平台把人的感觉从现实直接性中解放出来，人的感觉可以再造、再现和再重复，从而使得人的整个身体更加开放，思维的触角具有更强的敏感性，人的创造性和能动性更加强烈。

最后，网络社会的开放性、多元性、平等性与共享性，使人们打破了思想的僵化，培养了个体的独立性、自主性，人在网络中以自由平等原则展现自

---

① 《马克思主义哲学著作选读》，解放军出版社，1990年，第3页。
② 仲彬：《马克思的个性观探微》，《南京政治学院学报》，2007年第5期。

身,以更加真实的、真情的、本性的自我参与网络社会和现实社会,网络使个体成为真正的个体,人在网络空间不再是一个隐性性格的人,而是一个显性自我的展现。

第四章　网络社会中的人性异化与人性残缺

　　数字化时代是人文精神充分彰显的时代，人的自由本性、创新性倾向、人的社会关系和基本生存都深深地打上了智能化、自动化、网络化的烙印，网络化生存成为现实生存的无影背景，相比以往的社会，人在网络化社会的自由全面个性得到了很大的提高和发展。但从"硬币"的另一面来说，人的虚拟化、网络化、数字化生存又导致了社会人文精神的衰变，人在道德、文化、心理、自身等方面面临前所未有的一系列新问题。在网络化的时代，虚拟世界摧毁了人们习以为常的社会，人的内心的平衡和宁静被打破，人的本性在网络技术的加持下被淋漓尽致地释放，人的追求、精神价值不断被重新塑造，社会道德、伦理和规则的稳定性和指导性在人的内在精神不确定性的作用下不断被破坏。除此之外，在网络技术的推动下，人类本性中的各种潜在之恶被激发，一些被压抑的、阴暗的、低俗的、违法的不当需求在适宜的土壤中被充分地调动起来，人在此境地产生了自我认同与社会价值认同的危机，自身理性精神不断丧失，人类本性不断被异化。

第一节 网络经济的不正当参与
扭曲人的逐利本性

追求经济利益,获得社会财富是引发人的行为的原始动力之一,在现实社会制度和市场规则的控制和引导下,人的逐利性能够有序展开。但是,一旦道德规范、法制、信仰与人的诚信意识等缺位时,人的逐利本性就会使人在利益的诱导下做出无规则、无底线的行为,而且在唯财富、唯物质的社会风气和社会氛围里,人的逐利性、人的精神和价值会发生异化,迫使人成为商品、财富的附庸,人成为庸俗化的人。再者,网络技术变革了经济发展的方式,人变为"生产者和消费者合一,成为'产消者'"①,网络技术带来的红利吸引了社会大众的广泛参与经济,在网络造富的现象下,人的急功近利性、人的浮躁的社会心态、人的消费异化无不迫使人离开真正的自己,成为一个为了获得经济利益不择手段、精神浮躁、价值扭曲的人。

一、网络技术促使人经济获利更加便捷化

网络社会是人类社会诞生以来最强的社会连接,它以信息为中介,实现了人与人、人与社会的非时空、非中心、非科层的连接,信息在无处不在的虚拟空间交换,为经济形态在网络上展开提供了极大的支持,搭建了"人类历史上第一个统一、完整、实时、跨越地域的同步经济体系"②。这一经济体系

---

① 王建民:《网络化时代的个人与社会》,中国社会出版社,2017年,第155页。

② 何哲:《网络社会时代的挑战、适应与治理转型》,国家行政学院出版社,2016年,第47页。

以开放、平等的姿态接纳任何参与其中的生产者、销售者、消费者和服务者，并且为经济生产提供多维度、大容量的经济信息，减少由于经济信息不对称而产生的资源浪费，增加了生产与消费信息的对称性，释放了经济发展空间，凸显了信息时代的网络技术红利，引发了社会个体、企业广泛参与。

现阶段，网络经济已经形成了成熟的B2B（企业对企业）、B2C（企业对个人）、B2G（企业对政府）以及C2C（个人对个人）的生产模式，随着网络经济形式的不断升级，经济中的三大产业已经全面融入网络生产与交易平台，传统的经济形态正在或者已经被淘汰，互联网成为个人和企业重要"掘金"的形式。在以往，传统的企业对企业、企业对个人的经济形式在市场份额中占有绝对主导地位，个体经济形式处于劣势。但是，随着网络经济平台的出现，个体对个体的经济形式越来越重要，它最大限度地影响和带动了越来越多的人参与网络经济，并在多种多样的商业模式中活跃了网络经济，而且活动的触角已经延伸到各行各业的商品与服务交易、互联网金融以及社会资源共享等社会领域，使得越来越多的商业生产与交易回归到个体交易的形式。网络个体经济的繁荣和发展的根本原因在于网络技术为个体交易提供了良好的条件，促进了个体与个体资源的对接。

首先，互联网通过市场交易平台、社交软件、网络论坛等渠道建立个人间的商业联系，发布匹配度较高的需求和供给信息，人们可以在平台上供给各种资源和服务，如个人闲置物品、住房、车位等，网络信息，是一种低成本、高效率的供需匹配，大大增加了个人交易的可行性，极大地促进和吸引个体参与交易。

其次，信任的增加和交易的保障配套解决个体交易的后顾之忧。网络平台的第三方审核、担保等交易安全保障，增加了个体交易的信任度，人们可以放心地交易产品和服务。网络支付、物流配送等配套避免了交易的时空性的限制，使得交易双方不在场也能完成整个交易过程，简化了交易的环节,使人更倾向于这种交易。

最后,新技术的出现,促使交易跳过大网络平台(如淘宝、腾讯、滴滴等),实现人与人之间的直接联系。如,区块链技术对网络交易的革命性意义。"区块链作为一种开放的、分布式账本能有效记录交易信息,没有哪一方可以控制这些数据或者信息,并且,商业合约可以经过编程自动触发完成,更重要的是,区块链能够建立没有中介的信息机制,它有利于促进商业交易在个人之间展开。"①因而,随着新技术的出现和成熟,网络个体经济发展的潜力得到进一步挖掘。

总之,网络技术促使人的经济获利更加便捷化,人可以在网络经济中充分发挥自身的经济能动性,实现自身的社会财富的增长。

二、网络技术在弱化人的道德理性的基础上异化了人的逐利性

阿诺德·盖伦在《技术时代的人类心灵》一书中指出:"在经济上强调对资财有利可图的经营,摧毁了以往那些既有完善的审美标准又有力量使它们约束别人的社会圈子。"②网络经济改变了以往的财富获得结构,给普通大众提供了一夜暴富的途径和机会,人人都可以在网络经济中分得一杯羹。但从另一方面讲,网络技术也给人的经济犯罪和违法活动提供了"温床",大大地便利了"别有用心者"和"不怀好意者"的非法获利,人在虚拟交易平台和虚拟空间一味强调逐利而不断失控,人的获利本性、网络、社会三者之间的交织互动,不仅给社会带来前所未有的新问题,还很大程度上放大和异化

①　黄浩:《互联网 C2C 交易的繁荣:成因、冲击与对策》,《消费经济》,2018 年第 5 期。

②　[德]阿诺德·盖伦:《技术时代的人类心灵》,何兆武、何冰译,上海科技教育出版社,2004rh,第 67 页。

了人的获利欲望，异化了人作为道德的人应坚持的道德底线和法律底线，使人成为获得财富的工具。

（一）网络的开放式、虚拟性与人的有限道德理性相结合产生了各种网络诚信问题

虚拟网络空间的经济交易的理想基础是人与人的真实的诚信交往，这是网络经济秩序的根本保障。然而网络经济在本质上讲是一种"陌生人经济"，追求利益的最大化是经济主体的欲望和动力，网络中个体的道德理性是有限的，网络为交易双方披上了一件"隐形的外衣"，因而在网络中真诚守信地进行经济交往是难以实现的。另外，网络的开放式、匿名性强化了人在网络经济交往的逐利性，一方面，网络技术调动了人在合法的范围内充分发挥能动性获得经济利益和财富，另一方面也充分调动了人的不良动机获得财富。

首先，在经济交易领域，商家和个人在综合考虑经济成本和更快、更好地将商品和服务出售出去，往往采取不真实的产品信息诱导消费者，产品以假充真、以次充好，严重破坏了经济秩序。而且为了二次产生经济效益，收集和贩卖消费者信息，严重侵犯消费者权益，以此衍生了网络过度推销、网络诈骗等恶意网络失信行为。

其次，网络的虚拟性直接导致了人因强烈的获利目的而犯罪，网络诈骗是典型的案例。据中国司法大数据研究院发布的《网络犯罪司法大数据专题报告》披露的数据显示：2017年至2021年，全国各级法院一审审结的涉信息网络犯罪案件共28.20万余件，案件量呈现逐年上升趋势，其中近四成信息网络犯罪案件涉及诈骗罪，以网络为工具实施诈骗的情况不容小觑。微

信成为网络诈骗使用最频繁的工具，①网络诈骗呈现产业化趋势，诈骗的形式不仅仅限于钓鱼网站、微信等形式，新型诈骗的骗术更加具有迷惑性，更加隐蔽。以婚恋交友的"杀猪盘"网络诈骗为例，很好地体现了网络诈骗的与时俱进性。首先，诈骗分子通过"探探""陌陌"等交友软件寻找适合的目标——"猪仔"，通过设定好的交流、恋爱过程进行交流互动，培养感情并产生黏性，即进行短则几周、长则几个月的"养猪"过程，"养猪"完成后，开始诱骗当事人在境外赌博平台上进行投资，资产最终转移并诈骗方失联，最后完成诈骗——整个"杀猪"过程。

网络社会中的失信行为之所以泛滥，是与网络技术的基本特性与人在虚拟空间的道德理性、诚信意识减弱以及人的逐利性偏执密不可分。与现实社会诚信相比，网络失信行为避开了熟人社会束缚和失信行为的巨大代价，在与陌生人的交往圈里，人可以在网络中任意转变身份，即使产生了失信行为，也可以通过转变旧身份获得新角色的方式，避免了受到现实社会的惩罚，因而这种低成本的失信行为与高回报的利益促使人为获得利益而"铤而走险"。

(二)网红经济催生了人的畸形参与

随着"点赞经济"的产生和发展，社会涌现大量的流量明星和网红明星，伴随着短视频的出现，网红经济迅速崛起。网络的草根性、低门槛参与以及一夜暴富、一夜成名的"利益引诱"吸引着年轻人的积极参与。据百度公司发布的《95后生活形态调研报告》统计，"95后"伴随互联网成长起来的一代，是互联网社会的"原宿民"，已经成为网红经济的主力，且已经与淘宝、短视频、广告、融资等经济形式紧密地结合在一起，成为网络经济链条上的一环。

---

①　靳昊：《网络诈骗呈现这些新特征》，《光明日报》，2019年11月21日，第010版。

从源头上讲，"网红"现象伴随网络经济的发展，经历了从单纯赚眼球、赚流量、做广告到后来做营销、带货、开网店、做内容、做文化产品、网络直播等形式来聚敛大量的用户群、粉丝群，贩卖情怀、贩卖文化、贩卖日常生活，从而形成了一个独辟蹊径地参与网络经济的形式。网红经济最大的特点是"大网红"将数以亿计的"小网红"——草根用户纳入了经济创造之中，使得网络经济与网络亚文化、低俗文化融合，并在经济利益的驱动下，敢于出位、敢于突破底线，进行网络炫富、传播色情淫秽信息和恶趣味，为获利而创造出各种新奇的、不择手段的经济招数，将美貌等同于资本，等同于网络获利的优势，从而影响了整个社会的审美观和价值观，催生了年轻人泛娱乐化、急功近利、社会浮躁、思想低俗的劣质文化，严重背离了亚当·斯密所说的"求富有道即合德"的价值观，挫伤了人应有的人文精神。

三、网络炫富造成了人的精神贫困和价值迷失

随着经济的快速发展，我国进入了中等收入国家水平，人民生活水平显著提高，富裕阶层的人数大量增加，人的消费观念和消费能力有了很大的提高。网络经济和网络媒体时代的到来，使得网络物质、精神消费在现实消费变得更为便捷，网络消费主义在网络媒体的宣传下，彻底改变了人们对财富、对物质追求的基本看法，炫耀性消费、拜金主义、消费主义经由网络媒体宣传，减弱了人对商品本身的实用性，使人更加注重商品的符号价值，即商品对人的身份、地位、权力与名誉的象征意义，强化了人的炫富心理，造成了人的精神上的荒芜与价值上的迷失。

近年来，网络炫富已经成为社会关注的热点问题。"'90后'女孩晒车招亲""雅阁女炫富""郭美美事件"等夸张炫富行为通过攀比、炫耀来展示自己的资产的丰厚，制造身份和地位的高贵，吸引着人们的视线，冲击着人们的

心灵,引发了年轻人诸如"卖肾""裸贷"等不良行为,在社会中制造了强大的舆论声势,产生了持续性轰动效应。

首先,网络炫富引发了人的过度消费和超前消费,使得人的过度消费与人的经济实力严重脱节。现代的"90后""00后"在网络消费主义的影响下,消费观念与以往大大不同:小家电,非名牌不用;赏樱花,非日本不"刷";衣服、鞋包,非"设计款"不穿。网络社交上光鲜亮丽的个体与现实社会中物质贫困形象形成巨大反差,虽然满足了人的虚荣消费的心理,但是也强化了人的个人主义和拜金主义倾向,严重侵蚀了人们特别是年轻人正确的消费观念。

其次,网络炫富造成了社会大众耻贫歧贫的心理。亚当·斯密认为:"我们喜欢展示富裕,掩饰贫困,原因在于人们同情的是我们的快乐而非悲伤。别人看见我们贫困窘迫的尴尬却并不寄予同情的表现会深深地刺伤我们的自尊心。于是人们总是不顾一切地追求财富、权力、地位,大肆挥霍、追求奢侈,以满足自己那可怜的虚荣心。"①炫富者通过网络展示财富满足自己的虚荣心,并形成心理虚荣心的路径依赖,他们认为,拥有财富和金钱的人就应该得到社会的关注和尊重,知识、能力和道德品格并不能给人带来感性的满足,金钱和财富可以创造一切有价值的满足。因而,网络上这种财富论调强化了人的逐利性,甚至通过谩骂、鄙视穷人来自抬身价,搏得社会的关注。

最后,网络炫富引发了个体毫无廉耻的自我营销。亚当·斯密指出:"虚荣的人常常表现出一种放荡的时髦,也许他自己心里也并不认同,但是他却并不会因此而内疚,他们用豪华的生活方式来装点自己的生活,根本不会考虑与其地位和财富相匹配的美德和礼仪,穷人也容易认为一朝走运便会鸡

---

①　[英]亚当·斯密:《道德情操论》,何丽君编译,北京出版社,2008年,第20页。

犬升天，根本不考虑地位和名声带给他们的责任。"①网络炫富者往往是极其的自我膨胀者，为了获得社会的关注度和"点击率"，往往会采取"语出惊人"和有违社会道德的方式获得关注，如"雅阁女"的惊人言论："在我看来，现在月薪3000元以下的，基本算下等人"②，再如有些炫富者毫无廉耻地征集"性伙伴"，严重践踏了社会道德的底线和社会法律的底线。因而，许多网民认为，网络炫富者不缺钱，但非常"缺德"。

第二节　网络虚拟交往导致人的现实感减弱与孤独感增强

现实社会交往是一种人的全身心的投入，表现为人的物理性与精神性的同在；网络虚拟交往仅仅是人的精神、思想的参与，是人的物理性与精神性的分离。在社会交往中，人的物理性与精神性长期分离必然对人的社会关系、人的精神状态、人类本性产生一定的负面影响。从一方面来说，网络社会交往凸显了柏拉图所倡导的"心灵"的永恒性和普遍性，但从另一方面说，现实的人过度使用和依靠人的精神性，会导致人的现实性的减弱，人的整体本性向内收缩，人在肉体上、触觉上的感受会退化，人的自我存在感被弱化，人变成了孤立的人。

---

① ［英］亚当·斯密：《道德情操论》，何丽君编译，北京出版社，2008年，第25页。
② 蒋建国：《网络炫富：精神贫困与价值迷失》，《现代传播》，2013年第2期。

一、社会互动过程中的身体"在场"与"缺场"

古希腊沿至近代的哲学家和思想家认为人是物质与精神的综合体，人是由肉体和心灵构成，肉体也就是人的身体，作为感性存在物，具有短暂性和个别性；人的心灵即指人的精神、意识，作为理性存在物，是永恒的、普遍的。近代笛卡尔同样将人分为精神本体和物质本体，人的身体即人的物理属性上的肉体，认为人的主体性存在是一种精神性的思想存在，并不是肉体存在。现代人本主义者尼采反对以往哲学家和宗教家的灵魂至上的观念，认为人的高贵的身体是人的根本，肯定了人作为物理性存在的意义。因而可以说，身体是"人的肉体、感官、欲望、思维等综合为一体"①。它标志着人的真实存在，即人的时间、空间的四维存在，是精神、意识存在的基础和前提，也是人的精神、意识变为现实的物质支撑。人的精神性和物质性不可分，过度强调人的精神性不免陷入唯意志论的窠臼；过度强调人的物质性又太过"肤浅"、不够深刻。

吉登斯认为，社会的现代性造就了"时间的虚化"和"空间的虚化"，在前现代社会，时间和空间总是受到"在场"的支配，即受到地域性的活动的支配，而现代性的降临，培育了大量的"缺场"因素，把空间从地点中分离出来，构建了一个远离"面对面"的互动场景。吉登斯认为，在现代性因素发展的条件下，人进行交往的地点不再固定，且变得日益模糊，场景的搭建远离了"在场"互动，社会场景可以在"脱域机制"中存在，"缺场"社会已经形成。②时空的分离使社会生活在时间和空间内无限延伸，脱域机制使社会行动从

---

① 付玉：《略论虚拟现实技术与身体"在场"之关系》，《东南传播》，2018年第11期。
② ［英］安东尼·吉登斯：《现代性的后果》，田禾译，译林出版社，2011年，第15~18页。

地域情境中分离出来，并超越了时空重组了人的社会关系，人在身体不在场的情况下也能享受社会交往的愉悦。网络技术彻底将吉登斯所说的"场景脱域"变为现实，人的精神性、意识性与人的物质性彻底分离，使思想意识和精神世界成为一个独立存在的空间，人的交往不再受肉体的物理性和时空性束缚，因而拓展了人的另一种存在——在线存在，人的"缺场"交往形成。

何升明将人的身体"在场"的交往称为"在世"，身体"缺场"称为"在线"，认为"在世"是对"在线"的投射，"在线"是对"在世"的超越。[①]他认为，"在世"的日常生活皆可在"在线"中展现，即人在两个世界生活，一个是现实世界，一个是虚拟世界。在现实社会中，人承担着现实社会赋予其的责任与义务；在网络社会中，他又作为一个精神的个体，通过符号进行交流，维持自己的精神存在，因而，作为现实的人不停地在两个世界中"轮流"切换角色，扮演着"双重角色"，"如果同一个人的生活空间长时间处于分裂状态，必然会导致'双重人格'甚至更严重的后果"[②]。

二、身体"缺场"导致人的现实存在感减弱

身体"缺场"生存成为当今人生存的基本的、重要的状态之一，对"缺场"的过度痴迷和热衷，在一定程度上消解了人的现实存在感，消解了人的主体性，造成了人的现实存在的消失和焦虑。

（一）网络技术异化了人的时空感

吉登斯认为："压缩时间直到极限，形同造成了时间序列以及时间本身

---

① 何升明：《网中之我：何升明网络社会论稿》，法律出版社，2017，第65~67页。
② 何升明：《网中之我：何升明网络社会论稿》，法律出版社，2017，第98页。

的消失"①,同样,现实空间压缩到极限,也会造成空间的排列与空间的消失,即超空间的形成。

第一,网络技术压缩了人的时间感。网络技术的迅捷性使得人的交往更简单、更直接,技术搭建的超时空场域,使人在时空体验上产生了时间感与空间感双重虚化。②网络世界是一个不需要肉体参与的空间,人获取信息、交流信息不需要身体的位移,只需要使用网络设备即可,这种信息的传递方式使得传播过程高度压缩,进而带来"时间感"的虚化,人在此过程中感受不到时间的存在,人的注意力在电子产品上,弱化了人对现实空间的存在感知。

第二,网络技术压缩了人的空间感。在网络社会中,人们对信息的获得不是来自一定的场所,而是来自网络设备的屏幕,电子图书馆、股票交易、远程视频、在线教学等使得人不再限于物质空间和肉体的束缚,信息的获取和交流不再依赖现实的场景,而是在高度虚化、想象的空间完成的,因而与现实的空间真实性相比,人的真实参与被虚拟化了,人感受不到空间带给人的实在感,从而弱化了人的物理空间的存在感。

第三,时间感和空间感的弱化双重作用最终导致了人对现实感的虚化和消解。"拟像、媒介信息、超现实性构成了一个全新的世界,消除了以往的工业社会模式中所有的边界、分类以及价值,现实在隐退。"③网络技术打造的"超现实"社会空间影响了人对现实社会的身体感知,人的知觉、触觉在时间和空间的隐退,网络信息搭建的美好的社会梦境,无不消解了人的现实空间感,人的真实生活和真实社交在虚拟世界中消退,个人趋向自我思想的内

① [美]曼纽尔·卡斯特:《网络社会的崛起》,夏铸九等译,社会科学文献出版社,2001年,第530页。

② 王建民:《网络化时代的个人与社会》,中国社会出版社,2017年,第48页。

③ [英]瑞泽尔:《后现代社会理论》,谢立中等译,华夏出版社,2003年,第132页。

化，强化了人的个体性与孤立性，消解了人对现实社会的热情。

(二)网络技术导致了人的"身份"的不确定

身份的确定能够带给人一定的安全感，身体天然具有的相貌、性别、职业、地位等的社会性规定了人所具有的独特性，并赋予了人天然的、与之相适应的道德的、法律的心理，使人成为一个稳定的、连续的自我。因而，身体在社会交往中的嵌入，是维系一个连贯的自我认同的基本途径，现实社会中的亲属、朋友、同事等熟人社会关系使人作为一个独特的个体更加固化。但是，在网络社会中，身体的缺场，交往隐去了人的社会关系和社会地位，也隐去了人在交流时的姿势、状态、手势、眼神等，改变了人的个体间交流的身心关系。同时，符号化形象重构了人的外表、性别，人可以碎片化地呈现多个虚拟形象，在不同平台、不同领域进行交往，导致了连续性的自我消失，精神从肉体转移到一个完全表象的世界，不断创造和加强人的"柏拉图式的头脑"，日益丰富的头脑与肉体的现实性日益相异，人的自我认同性不能再保持自身的统一性，人弥散于整个虚拟世界，人的社会性和空间性被离散，人"消散在后现代的时/空"、内/外，以及心/物语义场中，自我的统一性不能继续维持，走向多重化，①进而导致人对自身所处的环境、身份产生极大怀疑，造成人对自身迷惑，严重损害了人的身心健康。弗洛伊德认为，体验真实的复杂的关系，是个体完成自我人格塑造的必经阶段。虽然现实社会交往会出现性格上的冲突和摩擦，但是人能够在摩擦和理解中产生共鸣，建立真正深厚的社会关系。

---

① 徐世甫：《虚拟生存论导论》，上海社会科学院出版社，2013年，第99页。

三、"在线生存"增强人的孤独感

网络虚拟现实技术导致了马克斯·韦伯所担忧的"狭隘的专家没有头脑,寻欢作乐者没有心肝"①的现象大量出现,人作为独立个体的孤独感和无意义感不断增加,人的社会关系在社会现实空间里趋向弱联系,人变得冷漠,社会关系冷淡。

第一,网络化生存强化了个体的孤独感。网络技术创造和整合了人的"碎片化"时间,人在此时间内全面沉浸在网络世界——微信、微博、网络文化、网络视频等空间。从心理学层面讲,人越是沉浸在虚拟社会的交往中,人的心灵就越是浮躁和空虚,人的意识和精神越是容易因信息的裂解而不断分裂。网络空间海量的"微信息"是碎片化、零散的,碎片化的信息和思维使人"自我"恣意释放,产生大量短暂的、肤浅的、庸俗化的意识流,消解着人的生命的深度与广度,②人在网络社会中,一方面保持着同各种各样的人的联系,另一方面体验着前所未有的心灵空虚和孤独。王建民在《网络化时代的个人和社会》中深入研究了网络化生存下人的孤独状态,他指出,网络技术引发的人的孤独感主要有两种:一种是依赖互联网所产生的孤独,他认为网络技术虽然强化了人的网络媒介联结,但并不意味着人的社会性的丰富,反而使人更加孤独。因为,网络减弱了人的现实空间的交往,人表现出越来越明显的个体化,电脑、手机使人更加离群索居。网络的符号化交往遮蔽了人的情感和意志,消减了交往中的人性因素。另一种孤独是通过互联网化解孤独而产生的孤独。网络空间参与的娱乐性、新奇性、转瞬即逝性是给人

---

① ［德］马克斯·韦伯:《新教伦理与资本主义精神》,苏国勋等译,社会科学文献出版社,2010年,第118页。

② 郭讲用:《自媒体中的自我建构与文化认同》,《当代传播》,2015年第3期。

的感官带来的刺激和体验仅限于感官的刺激，并没有产生深层次的意义获得，不能促进人进行深刻思考，人的获得感仅限于零星的新奇感的获得，不能延伸人的深刻性，因而人的意识便产生了无意义和空虚感，人的灵魂更加孤独。

第二，网络化生存迫使人更加逃避现实交往，造成社会冷漠。美国学者诺曼尼指出："电脑使用得越多，孤独感与压抑感就越强，社会交往能力亦越差。"过分沉溺网络必然导致人的现实交往的时间减少，善于用网络表达自己的情感者，更愿意在网络空间排遣内心情感，当他在网络中能游刃有余地获得情感满足时，网络便成了他的精神栖息地，当他们从网络世界回归到现实生活时，不愿意袒露自己的情感，也不愿接受他们的情感流露，于是产生了现实的孤独感和压抑感，强化了人逃避现实交往的心理，降低了他们现实生存的能力，形成避实就虚的恶性循环，进而降低整个社会人际关系的联系性，引发社会冷漠。

第三，网络化社交造成了"群体性孤独"。据腾讯高级执行副总、微信事业群总裁张小龙在"2021微信公开课PRO"活动上介绍：每天有10.9亿用户打开微信，每天有7.8亿人在使用朋友圈，但其中超过2亿人设置了"朋友圈"三天可见。这表明，朋友圈成了人们进行社会交往的必备工具，但又使人产生负担感，人们在虚拟社交网络中表面上保持了一种"冷漠而不失礼貌"的热情，其实内心却毫无波澜，虚拟社交正在"杀死"人的深度关系，造成了"群体性孤独"。麻省理工学院的社会学教授雪梨·特克尔在《群体性孤独》一书中深挖了网络时代群体孤独的根源。她认为，互联网在改造我们的生活和思维的同时，重构了人的关系结构，互联网缔交的陌生人关系是一种速食的虚拟关系，在这种关系中，人被简化成为"我"所用的实用性客体，个人的美好和有趣的一面被放大了，而真实的缺点被隐藏了，希望通过分享、自我表演和被倾听而获得他人的关注和认同，然而效果却恰恰相反：比起获得善意,他人直白的恶意和熟人环境中的"一言不合"就拉黑更使人具有挫败感和焦虑感,从而导致了群体的不信任和孤独感。

第三节　网络的工具性与娱乐性引发个体过度网络依赖

对于网络依赖,不同年龄段的人产生依赖心理的原因不同。一般来讲,成年人主要是因为网络具有强大的工具性和交流性,是其日常生活和工作中获得信息、进行社会交流必不可少的工具;相比成年人,青少年更容易对网络产生依赖,主要是由网络的娱乐性和游戏性引发。从梳理现有的资料来看,网络技术对人类本性的异化主要表现为工具主义导致人的主体性弱化,网络技术已经显现出支配和改造人的思想和行为的端倪,并随着人与网络技术、虚拟现实技术等深度融合,人与网络须臾不可分,人对网络的依赖出现过度的迹象。

一、网络工具理性对人主体性的弱化

英国学者鲍曼就电子技术对人的影响指出:"电子设备满足的需要并不是他们自身造就的;它们最大的作用就是把一种已经充分形成的需要变得更加迫切和显著"①,也就是说,电子网络技术不但使人的需要得到一定程度的满足,而且还强化了人的需求与网络技术之间的强联系,形成了人对网络技术的依赖。可以看到,随着网络信息的深度发展,现代人类对网络越来

---

① [英]鲍曼:《自液态现代世界的44封信》,鲍磊译,漓江出版社,2013年,第8页。

依赖，而且关于网络工具沉迷与网络使用理性之间的对决愈演愈烈，网络技术不仅操控着社会，还操控着人的思想与行为，网络工具主义极度张扬，人在网络自由空间的实践中，本性沉溺与本性狂欢得到了淋漓尽致的体现，在此，人的主体性被网络工具主义的倾向弱化、消解，人向着实用主义、功利主义方向发展。

（一）网络工具理性膨胀

在信息化时代，网络技术激发着人们狂热的激情、占有欲和想象力，网络的工具理性日益被推崇和提升，甚至存在过度强调和夸大网络的存在性，以至于网络以统治意志的姿态存在，凌驾于个人之上，日渐削弱人的主体价值和能力，引发人与人类本性的异化。

首先，过分强调网络工具理性极易导致个体的主体性弱化、消解。网络技术过度放大了人的知情意，造成了短时间内知情意由于过度被放大引发人的内在精神的不稳定。网络技术发展与人的内在稳定性并不是同步的，人的内在稳定性需要一定的时间沉淀，在这里，网络技术应当起辅助的、便利的作用，而不是主导人的内在精神的发展。然而，虽然网络技术带来大量的生活、工作便利，为人的精神世界的发展提供了多元化的满足，但是过度地寻求网络途径，意志的舒适性和惯性使得人长期沉溺在网络环境生活，人不能离开网络生活，一旦离开便会滋生不安全感和孤独感，因此在这层意义上，网络技术增加了人与网络技术的黏性，网络技术带来的技术快感大大消解了人自身的独立性、能动性，人成为技术的附庸和奴隶，人的内在规定性被消解、被弱化，甚至容易被别有用心者利用和掌控。

其次，网络工具理性极易导致功利主义和实用主义的滋生和盛行。网络工具理性的另一个极端就是认为网络技术仅仅是一种获得工具和手段，忽视了网络技术的价值合理性，因而从"利我"角度出发，追求利益的最大化,从而使网络技术成为人为实现更高目标的扩张性力量,人的内在伦理性规范大大被弱化,导致了网络公共秩序、现实社会秩序的混乱和失序,网络功利主义和实用主义思想滋生并蔓延整个社会系统,给现实社会带来极大的威胁和挑战。

(二)人的思维能力退化

网络技术的工具性在一定程度上导致人的思维能力下降。现代社会的网络交流已经突破了单纯的文本、图片交流,衍生出动态的、视觉性和引导性较强的交流媒介,"大量感性的、稍纵即逝的信息超强度地刺激大脑皮层,将改变头脑的信息加工方式,使认知模式转变为形象思维,使人更倾向于接受动态、感官的信息,而回避抽象的逻辑思考,放弃追溯本质的思维方式"[①]。在这种情况下,感性的、易流失的电子文化代替了深刻的、稳定的纸质文化,人的理性思维和反思批判思维的能力大大被减弱,人的思维能力退化。

网络的蔓延和普及消解了人的哲学式的理性思维和宗教式理性规范。网络社会空间是一个没有明确规则的虚拟世界,人在高度的社会互动中,必然性减弱,或然性逐渐支配了人们的互动关系。而且在缺乏科学性、准确性的海量信息中,人的求真求善求美的哲学式思维、深刻性思维和理性兴趣受到损害,人的思维被"种种花里胡哨的活泼和脆弱不堪的时尚挤掉了内容的深度,深入持久的理性执着和关注让位于快节奏的态度转换"[②],人的思维的系统性和整体性在极富感官的视觉形象的深刻影响下变得碎片、零散,缺乏系统性和连贯性,人的判断思考能力逐渐钝化,对生命、生活、科学和美的追求逐渐丧失,而成为"埋头"点击屏幕的行动者,丧失了人应有的深刻的、连

---

① 王浪:《数字化时代人文精神的失落与重塑》,《理论导刊》,2010年第6期。

② [美]迈克尔·海姆:《从界面到网络空间:虚拟实在的形而上学》,金吾伦、刘钢译,上海科技教育出版社,2000年,第107页。

贯的和理性的审美和思维。

二、网络成瘾在异化人类本性的基础上引发社会犯罪倾向

网络技术并没有给人们带来技术乐观者所描绘的幸福感、丰富感和充实感，反而在现代性的条件下，人与技术的悖论始终萦绕在现实生活的实践当中。不可否认的事实是，相当一部分人的生活因为过度依赖网络而越来越空虚和苍白，网络成瘾或多或少地成为每个人生活的基本生存状态，而且对于拥有强烈好奇心、探索性的青少年群体来说，手机、电脑、网络具有致命的吸引力。因而，由于过度的网络依赖导致青年人产生大量的病态人格、病态精神，借由网络依赖性实施的网络犯罪大量出现。

（一）网络技术导致网络成瘾的根源性及表现

网络过度依赖在医学上定义为网络成瘾，是一种病态人格，1994年首先由美国精神病医生伊万·戈德堡提出，随着网络技术在社会生活中的铺开，"过度使用网络而在幸福感上的缺乏"的人群越来越壮大，网络使用越来越被"病态使用"。据中国青年报社在2023年3月进行的一项调查显示，89.2%的受访者会经常不由自主地看手机，89.2%的受访者离开手机会感到不踏实，64.9%的受访者过度依赖手机，表示离开手机难以集中精力，效率低下，甚至超一半的受访者表示离开手机感到内心空虚、无所事事，出现"手机强迫症"。从年龄特征上看，青少年网络成瘾的概率远远高于成年人，而且据国家卫生健康委员会于2018年发布的数据显示，中国青少年过度依赖网络的人群接近10%，成为网络成瘾的重灾区。

对于网络成瘾的原因，学者们大体上认为既有人的主观意志的因素，也有网络技术的因素，是人的本性特质与网络技术双向契合的结果。从人的

本性特质上看,追求感官快乐、精神愉悦是人的本性,特别是青少年处于心智发育期,对外界事物、现象充满好奇心和探知欲,容易被网络空间中丰富多彩的内容和参与形式所吸引,且家庭和学校教育管理越严格,青少年的逆反心理越强,对网络的好奇心也越强,以此形成持续不断、主观意愿强烈的网络沉溺。

网络成瘾可以追溯到人的口唇期,内在失衡机制是,人的不成熟的精神规制与人的本能需求之间产生矛盾,表现为人的本能需求压制了精神的规制,持续的、长时间的感官的快乐的沉溺极大消耗人的精神。网络空间特性,如网络空间的多媒体性、匿名、互动和逃避现实性等是导致民众网络沉溺和网络成瘾的重要因素。

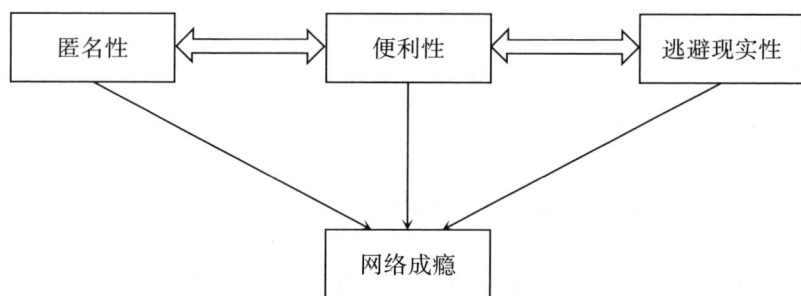

图4-1　Young关于网络成瘾的ACE模型

成人的网络成瘾与青少年网络成瘾的程度和原因不同,接受网络内容的刺激和承受能力也不同,因而他们成瘾后的表现也不同。一般来说,青少年对网络新鲜事物持有积极、热情的态度,对网络内容一般表现为选择性亲和,因而对网络游戏、网络色情等易引起感官愉悦的网络内容成瘾;相比青少年对世界的好奇心与探知欲,成年人由于拥有较丰富的人生经验和生活工作感悟,更多地希望从网络获得大量的信息,或者容易在网络技术主导下形成过度技术生活依赖。对于网络成瘾的类型,学者们多数认为主要包括以下几种:网络游戏成瘾、网络交际成瘾、网络色情成瘾、网络信息收集成瘾和网络制作成瘾,[①]这些类型可以分为社会性网络沉溺和非社会性网络沉溺。社会性网络成瘾主要是通过非真实自我人格呈现与社会联系,从而得到更多的社会关怀和自我效能感;非社会性网络成瘾主要是醉心于网络游戏、信息搜索等,主要是逃避社会生活,重新塑造自我价值和认同。

表4-1 网络成瘾的类型及表现

类型	表现
网络游戏成瘾	沉溺网络游戏之中,为网络游戏废寝忘食、通宵达旦,时间感虚无,身体机能极限,家庭关系失和
网络交际成瘾	沉迷于各种网络聊天工具而无法自拔,网络朋友比现实朋友更为重要,沉迷网恋,排斥现实的真实交往
网络色情成瘾	热衷色情图片、视频、文字,沉溺成人话题聊天室
网络信息收集成瘾	不能自制地花费大量时间搜索、浏览、收集各种无用资料和数字,意识迷失与海量信息中

(二)网络成瘾对人类本性的异化与社会犯罪

人格展现人的完整性,健全的人格是健全的人与人性的基础。网络成瘾在一定程度上极端化了人的知觉、思想和情感,放大了人在虚拟空间存在的感觉,使人与社会更加疏离,损害了人格的独立性、发展性。人格是构成一个人的思想、情感和行动的特定统合模式,这个统合模式是人的体质因素、身体与思想发育、社会经历等共同作用的结果,是人特有的气质和风格。[②]网络成瘾的典型的人格特点是:极端沉溺、喜欢独处、思想敏感、极端

---

① 何升明:《网中之我:何升明网络社会论稿》,法律出版社,2017年,第255页。

② [法]罗贝尔·库尔图瓦:《青少年期冒险行为》,费群蝶译,上海社会科学院出版社,2016年,第68页。

警觉、社会疏离、厌世心理。"手机成瘾还与青少年抽烟行为、攻击行为和自杀倾向有着显著的正相关。"[①]这些不仅损害了人的肌体健康,还严重弱化了人的内在精神,消解了人的内在稳定性和发展性,放大了人作恶的心理,使人偏离社会正常轨道。

过度沉溺网络引发人格障碍和人格畸形。过度的网络依赖和网络沉溺导致人不能适应社会正常生活,持续的沉溺弱化了人的情感和意志的坚定性,导致人格分裂和人格的畸形发展。人在网络中长时间独处,会弥散人的现实社会交往的真实感,引发人对现实社会的对抗性,使个人的社会价值观和整体观淡漠,人与社会"离心离德",产生偏执、狭隘的心理,最终引发反社会的人格障碍。另外,网络自带的"诱惑性"极易使心智发育不完全的青少年沉溺其中,产生"吸食鸦片"式的上瘾,从而产生分裂型和衰弱型的病态人格。网络上瘾者"不知疲倦"地沉醉在虚拟世界里,使得他们在现实社会中精神恍惚、情绪低落、憔悴疲乏、心思伤感、缺乏自信,损害了人的整个精神状态。

沉溺于网络游戏易引发人的暴力倾向和暴力犯罪。适度的网络游戏能够缓解人的精神压力,释放人追求快乐的本性,但是长时间、持续不断地进行网络游戏,不仅挑战着人身体机能的极限,引发各种健康问题甚至是死亡的现象,还潜移默化地激发人的暴力倾向。网络游戏具有较强的现实社会模拟能力,游戏的搏杀、血腥、暴力和逼真性,影响了未成年人的思维模式和行为模式,妨碍未成年人社会化的过程,助长了人的攻击本能,使人的感情变得麻木不仁、情感冷酷,蔑视人的生命价值,激发人性中的作恶、破坏的本能,从而导致攻击型、偏执型、多重型和反社会型的人格障碍。网络技术早

---

① Toda, M., Monden, K., Kubo, K., &Morimoto, K, "Mobile Phone Dependence and Health-related Lifestyle of University Students", *Social Behavior and Personality*, 2006, p.10.

期,大量青少年与家庭关系、社会关系破裂的现象存在,激情犯罪、激情杀人的现象在社会中屡见不鲜。

第四节　网络虚拟技术消解人的道德性

道德产生的最初动因是调节和规范人的生物性和感性需要,[①]目的是防止人的动物本性泛滥,增加人内在的社会规范性。随着人类文明素质的提升,道德理性成为人类本性中应然存在的部分,道德本性的缺失和减弱意味着人的动物属性的增加、社会属性的减少,意味着社会秩序的混乱。古往今来的学者们论证了作为自然属性的人具有爱的本性,具有恻隐之心和"善端",作为社会属性的人应当增加爱的本性和与人为善的"善端",唯有如此,人的理性精神才能丰富和充盈,人的社会属性才能充分展现。从人类社会发展的角度讲,道德性不仅是个人应具备的属性,也是社会秩序良性发展的根本原因。在社会生活中,个体的道德意识能够规范和指导人的行为,使人明确自己的社会责任和行为后果,并在社会生活实践中建立善恶评价,规导自己和他们的行为。因此,道德性不仅关系着单个人的理性和丰富性,还关系着社会理性和社会公序良俗的建设。网络技术的出现,将人的道德理性放置在一个极其自由的空间。在这样的空间里,人自觉向善的能力和动力严重被弱化,人的语言和行为的道德性任意且随机,道德责任感匮乏,在循环往复的网络社会交往中道德关系出现了隔阂,人的道德性被严重损害。

---

① 　吴秀莲:《人性与道德》,《伦理学研究》,2011年第3期。

一、网络社会空间的道德弱化的成因与表现

汤恩比就科学技术与社会道德的关系指出:"我们通常称之为'进步',始终不过是技术和科学的提高,还有使用非人格的力量的提高。这跟道德上的提高,不能相提并论"[①],他认为道德水平跟社会生产力的发展没有直接的关系,人类社会的道德水平至今没有提高。雅思贝尔斯认为科学技术在道德上是罪恶的,因为它短视了人的现实生活,多数人只为眼前的生活奔波,从而使真正的人性被科技湮没。[②]网络社会的崛起与中国社会转型期不期而遇,给人的社会心理带来了困惑,人陷入了浮躁、世俗甚至是庸俗之中,人的逐利本性叠加社会情绪上的焦躁、忧虑等反面能量,导致网络社会中的伦理道德失范问题比较突出。

(一)人的道德本性

人的道德本性是集体理性在社会个体内在的转化。人是世界范围内唯一具有理性意识的物种,由于单个人生存能力的有限性,人无法克服因追求丰富多彩的感性体验而产生无尽的欲望的矛盾,人在资源争夺中的自我理性意识有限,必须通过社会力量、集体智慧将有限的个人理性集中起来,形成"集体理性"以实现个体利益和集体利益最大化。"集体理性"的普遍实施意味着个体都规导自己的利益行为,必须在"爱"和友好的交往中获得更好的生活,也意味着人必须兼顾个体的独立性和社会统一性,坚持社会正义,

---

① [英]汤因比、[日]池田大作:《展望二十一世纪——汤因比与池田大作对话录》,国际文化出版公司,1985年,第388页。

② 廖小平:《人性、道德与科学技术——中西文化—认识论的差异、互补与融合的特殊表现》,《云南社会科学》,1993年第6期。

个人的追求不能损害他人利益、社会利益和整体利益。经过几千年上万年的社会理性的整合和发展，人的内在逐渐具有道德性，成为人的本性中一个必不可少的部分。

具体来讲，人的道德性主要包括单个人的道德性和多个人的社会道德性，对个人而言，单个人的道德性表现为其内心的一整套道德观念，包括个人的道德情操（具有同情心、怜悯心和责任心）、个人的道德追求（对真、善、美的追求）、人的自身素质的追求（德、智、体等素质的丰富）；人的社会道德性是人在社会集体道德观念的外化和规范，如我国古代的礼义廉耻、三纲五常，古希腊哲学中的智慧、勇敢、节制、正义等观念，古罗马宗教基本教义的"七主德"和"七恶"（骄傲、肉欲、愤怒、贪婪、嫉妒、暴食和懒惰）等。道德性是人的本质属性，[①]是人的主要构成要素，也是构成社会制度的精神基础之一，一切风尚习惯、法律制度和宗教戒律都是在社会道德共识上建立起来的，道德性的本质是减少人类的野蛮和不文明。人性的成熟也是人的道德性的健全，人类社会的发展就是不断促进人的道德性不断增长的过程。

（二）网络社会中道德混乱与缺失

网络社会中道德乱象丛生的原因有三：

一是网络技术弱化了人的社会道德理性。人的精神在虚拟空间的实在拓展，构成了一种新的伦理行为模式，形成了新的伦理领域，而这一领域伦理现象比现实社会复杂得多，问题也比现实社会严重得多。与现实社会空间的强力道德规范性不同，开放的、虚拟的、自由不受限制的网络环境为人的行为实践创造了"无限可能"，而这种可能性的变化、性质完全遵从人的本性，因此在这一空间中，社会道德对人的思想的约束力量较弱，仅有的依靠

---

① 严存生：《法律的人性基础》，中国法律出版社，2016年，第539页。

是人"已经社会道德潜移默化而形成的道德理性",而已有的道德理性又被网络的虚拟技术消解了一部分,因而导致了网络社会空间的交往秩序的混乱,有违现实道德规范的网络失德失范现象层出不穷。

二是在于网络的隐匿性。在符号化的外衣保护下,个体容易做出感性化、情绪化的行为,而且不受理性控制的感性化表达容易引发网络交往间的冲突,不受道德理性束缚的人的本性在此空间起到了至关重要的作用。因而,无论是因猎奇导致网络中疯狂窥探心理、情绪化带来网络语言暴力,还是各种违背现实道德的不正当网络交易,其本质就在于网络个体缺乏自我道德的约束性,不能像现实生活中那样在外界力量的压力下而"慎独""克己",从而使网络空间成为虚拟空间的"人性狂欢"。

三是网络空间的"假道德"绑架现实生活中的"真道德"。网络道德绑架在当前的网络空间内屡见不鲜,在网络空间中人人都可以以现实的道德标准要求个体或组织达到某种道德要求,或对网络事件中的个人或集体进行"超道德"标准的要求,或者对当事人达到完美道德的要求,这种道德具有强制性,造成了人人都是道德模范,可以站在道德的制高点上评判个人行为和社会现象,从而给被舆论绑架或"被送上道德审判台的人"带来极大的伤害。远看这种道德一片"繁荣",近看则是打着"真道德"幌子的"伪道德",致使网络空间的道德虚假和缺乏。

二、网络技术对人的道德本性的弱化与异化

对于网络技术究竟怎样消解人的道德本性以及消解了人的哪些道德本性的问题,当今学者没有进行深入的探讨。网络社会交往行为的乱象、失序与失德的根本原因在于网络技术降低了人在虚拟空间交往的道德自觉性、行为耻感,使人的行为意识脱离道德理性的规导,从而使人的道德性弥散和

虚化。

(一)网络空间的虚拟性降低人的道德耻感

海量网络信息涌入人们的视野,不仅影响了人对信息的整合能力,促使人成为"碎片化"的人,还影响着人的道德性的塑造,正面的网络信息供给能够丰富人的内在,负面的网络信息降低人的道德性和网络行为的耻感。以网络直播为例,可以更为直观地观察在网络虚拟空间下人的道德行为的失范和道德耻感的降低。网络直播由于其"实时人际传播的特点,网络直播成为到目前最有'温度'的媒体"①,为吸引更多粉丝和观众,网络直播的内容往往具有新奇性、表演性,网络主播与粉丝从互动的内容、互动的形式都远远超脱了传统道德容忍的限度,网络低俗语言、污浊行为、侵权行为和极端行为屡见不鲜,网络主体在利益诱惑前,语言和行为轻佻,是非价值扭曲,毫无顾忌社会道德和规范,"倾情"上演各种毫无底线的戏码,主播的脏乱用词,语言声音挑逗、衣着暴露、色情表演和各色奇葩的直播降低了博主和粉丝、观众应有的文明素质,拉低了人的道德情趣;网络直播他人跳楼、直播自杀、直播暴力虐人和动物,更是刺激了人的神经,践踏了人的道德底线,尤其是打赏和观看色情直播严重影响了家庭关系和家庭和谐,人在这种网络环境中不断被浸淫,基本道德价值观和社会价值观被严重弱化,人的行为耻感严重降低。因此,网络社会中过度的功利性损害人的社会道德性。

(二)网络虚拟性造成人的伦理交往关系的异化

网络技术搭建了多样化的人际交往空间,丰富了人的体验性,但是网络虚拟世界的虚拟性、社会生活的可模拟性使得人与人的现实依赖性被虚拟

---

① 贾毅:《网络直播的失范与规范》,《中州学刊》,2019年第8期。

人生替代,人日益异化成虚拟世界的存在物,人的主体认同性被虚拟角色取代,导致人的角色和身份混乱。如长时间在网络空间虚拟结婚、模拟杀人游戏、模拟色情体验和犯罪等,人在虚拟的形象下,容易做出违背伦理道德的行为,人对现实生活缺乏热情和积极的态度,导致现实生活中的伦理共识破裂,加速社会群体间的冷漠,造成个体之间道德关系的隔阂,挑战社会伦理的底线。

(三)网络空间的道德相对主义与非道德主义的争论与盛行

网络技术的工具性、"去中心化"的特性使社会权力、社会结构发生了极大的变化,使得个人的自我感觉在现代社会中得到尊重,个体化趋势在历史的洪流中不断延伸。然而由虚拟空间拓展带来的心灵疆域的拓展和角色的转变,社会崇高价值在一定程度上弱化和丧失,人的生命价值和评判价值趋向虚无,网络空间的道德评价主体多元性,使得道德评价标准的多元化,每个人内心都有自己的评判尺度,"无论哪一种道德评价标准似乎都有一定的合法性与合理性,任何一种行为选择似乎都可以获取某种价值观的支援、肯定和赞扬,同时又受到另一种价值标准的否定和批评,导致网络道德评价标准变得似是而非、模棱两可,网络道德评价活动也陷入自相矛盾的窘境"[①]。于是网络道德主义盛行。在人人都强调自己道德标准的同时,主张摆脱网络道德束缚,强调网络空间自由,释放人类本性,用虚无对抗道德的极端个人主义和精神颓废主义也在大行其道,网络道德的权威性被肢解,网络空间中人的良知和道德理想淡化,网络空间的道德评价标准紊乱,人的价值取向虚无、混乱,人的行为趋向失范。

---

① 张元、丁三青、李晓宁:《网络道德异化与和谐网络文化建设》,《现代传播》,2014年第4期。

第五节　网络技术空间中的理性意识缺失与群体极化

人的理性与感性、理性与非理性之争贯穿了整个人类文明史，人既是理性动物又是感性动物，古往今来，人一直在道德、宗教、法律、制度等理性意志的规范与追求自由意志、自我感性之间进行斗争。这一过程中，理性主义逐渐融入人的感性生活，人不再被束缚于严苛的理性生活当中，人的内在既保留了理性意志，又发展了人的感性力量，人整体的文明素质得到了一定的提升。互联网时代，人的实践场域发生了本质的变化，互联网为人的生存，更确切地说是为人的思维、意志开辟了新的领域。然而作为互联网生活的起始阶段，人的内在的转变需要一个较长的适应过程，而且由个体集聚成的群体意志出现了诸多问题。

一、网络社会空间中的感性化趋势

感性作为一个哲学词语，通俗地理解为人的五官感觉所表现出来的表面化、非深刻的感觉、知觉和评价。从入世的角度看，人的感性关注焦点是人们丰富的日常生活，主要包括人们为满足内外需求而表现出来的外在意志、情绪，以及人们对支撑日常生活的社会制度公正、合理与否的直观感知与评价，即人对世俗化生活的直接体验和感知。当进入信息网络化时代后，网络技术将人们的利益诉求和价值追求集中、整合起来，网络社会成为人们以社会日常生活为内容，将包括人在内的人的现实生活进行表象化、符号化、感性化群聚交流，在这种数以亿计的感性化人的实践活动中，人的感性知觉和意识充分释放,人的理性消解于大量感性知识、经验的传递当中,网络空间成为人的感性经验的空间。

第一,网络技术消解了人的理性。从本质上讲,网络技术空间搭建的是一个自由、平等、开放的空间,而且这一空间是现实社会生活的高度还原和模拟,人们将生活场景、现实活动以及具有感性思维的人转化为文字、图片和视频等符号,充分释放了人对现实生活的感觉、知觉、观念变化以及社会理性。也就是说,网络技术使人的"诸种感官形式在数字化环境下可以综合呈现"[①],并提供了一种综合感知环境。在这一过程中,人的情绪化、感性化和人的多元身份等因素交织和活动,在一定程度上分解了以往被文字、文化、道德等构建起来的理性的人。而且碎片化的海量信息的冲击、大量时间的无价值的网络沉溺使人的精神变得孤寂和荒芜,人的思维的深刻性、维持社会人的价值理性变得稀薄,人的感性体验变得前所未有的重要。

第二,视觉技术强化人的感性。网络社会空间出现感性化的趋势的另一个原因在于视觉文化代替文字文化,人的感性意识和感性知觉在网络互动中重塑。"视觉技术能够从不同层面上帮助主体实现对世界的图像认知和体验"[②],视觉技术将以往的文字文化转化为以视觉为主的文化,一方面,它增强了人与事物之间的信任关系,强化了人的"眼见为实"的知觉,尽可能摆脱文字时代的语义抽象化、难以理解的尴尬,在一定程度上保持了信息的真实性;另一方面,它强化了人对感性形象的记忆,刺激了人的感性知觉的活跃,深化了人对事物和事件的理解,突破了文化传播过程中对人的教育水平和教育背景的要求,拓展了感性传递的广度,极大地提高了感性传播的效度。

网络空间中的人是感性的人,现实的、感性的人在网络交往中更直接、

---

① 余文斌:《网络传播技术逻辑与人文反思》,《现代传播》,2008年第2期。

② 陈联俊:《移动网络空间中感性意识形态兴起的价值省思》,《马克思主义与现实》,2018年第2期。

更立体，不同职业、不同教育背景、不同阶层的数以亿计的感性的人的互动势必成为一场"感性的狂欢"，网络社会问题层出不穷、不可避免。

二、网络时代人的非理性表达

在网络空间中，理性意识的削弱、感性意识的加强，必然导致网络空间非理性表达。网络"匿名可以使人们的自我意识减弱，群体意识增强，更容易对情境线索作出回应，无论线索是积极的还是消极的"[1]。这表明，网络的匿名性在一定程度上导致了个体非理性增强。非理性是"一种意识状态，是存在于个体心理的、能够引发思维活动的要素"[2]，主要指人的情感、信念、意志、知觉、灵感、欲求等。在网络空间中，网络的匿名性和去抑制效应使得人减弱或者完全解除现实社会的规范约束，表现出在现实社会中不易、不会出现的行为，去抑制性的负面性导致网络非理性表达，造成网络放纵交流、网络暴力、过激言论等失范行为，[3]它不仅强化了非理性主体的非理性意志，造成网络空间非理性参与，还极大地伤害了被暴力、被攻击的人的情感、精神和社会关系。

（一）网络空间非理性表达的根源

从网络空间非理性行为产生的根源来看，大致有以下几个角度：从民众社会心理来看，网络舆论非理性表达"只是根据普通大众的常识，或者根据

---

① Pruitt, D.,Choice shifts in group discussion: An introductory review, *Journal of Personality and Social Psychology*, 1971(3).

② 张志安、晏齐宏：《个人情绪、社会情感、集体意志——网络舆论的非理性及其因素研究》，《新闻记者》，2016年第11期。

③ 陈曦：《网络社会匿名与实名问题研究》，人民日报出版社，2017年，第66页。

公众朴素的爱憎情感做出判断"[1];从网民自律的角度看,网络情绪化表达及其一边倒的现象,"不是基于理性,甚至不是从基本事实出发"[2],从而导致了网络对话极其困难;从舆论引导上看,"缺少社会精英阶层的成熟一致的社会素养",才导致各种奇葩现象和缺乏底线的行为层出不穷[3];从社会舆论的大环境角度看,网络非理性行为一般折射的是民众背后的社会情绪,是由"转型期社会结构的失调以及释放社会情绪的'安全阀'的缺失"[4]引起;从技术导致社会舆论异化看,网络空间的匿名性、开放式以及个人信息保护力度不强等相对"宽松"的网络环境助长了非理性行为;从理性制度规范看,道德、法律、制度、共同信仰等理性制度在网络空间中缺失,民众自律意识不高。

(二)网络社会空间非理性行为的表现

网络社会中的非理性表达开始于人的内心情绪体验,这种情绪一般是由自身利益受损或受外界负面信息刺激引起的,在网络匿名性的支撑下,人们容易在网络公共空间散布偏激的、情绪化的和片面的言论。一般来讲,维护社会公平正义类、抨击不良道德类、发泄社会不满类事件容易聚合民众情绪,引起民众感情上的共鸣,容易以一种谩骂式、宣泄式的暴力语言进行,以此宣泄网络主体对网络事件的愤怒、不满、失望和同情的态度。学术界认为,网络空间非理性行为主要有以下三个方面的表现:

第一,在道德煽动下进行人肉搜索和公开个人隐私,以网络集体力量来"惩善扬恶"。以2016年"江歌案"为例,网民出于朴素的道德感,通过人肉搜

---

① 祝华新:《门户网站对环境问题很熟悉吗?》,《环境经济》,2015年第Z3期。

② 李希光、顾小琛:《舆论引导力与中国软实力》,《新闻战线》,2015年第11期

③ 喻国明:《当前社会舆情场:结构性特点与演进趋势》,《前线》,2015年第12期。

④ 王建民:《网络化时代的个人与社会》,中国社会出版社,2017年,第84页。

索的方式将涉事方刘鑫及家人的身份信息、通信信息等公布于众,短短三天,网上公布的号码就收到两千多个骚扰电话和数百条辱骂短信,而这一号码并不是涉事人刘鑫的联系方式,而是与此案毫不相干的普通民众的号码,严重影响了该民众的日常生活和身心健康。

第二,情绪化的语言暴力宣泄。语言性暴力攻击在网络公共空间屡见不鲜,出于道德的审判、价值观的认同的目的,网民在互动中,发表侮辱性、谩骂性的话语,煽动社会情绪,制造舆论漩涡成为网民表征自我意见和自我话语权的重要方式。以"抵制赵薇事件"为例,网民出于爱国情结和对资本操控舆论的愤怒情绪影响下,在网络跟帖和评论中大肆谩骂和攻击,"共济会的狗""眼神像极了巫婆""一眼的利欲熏心""像是在和魔鬼做交易的人"。暴力性语言攻击危害性极大,它不仅给当事人带来精神打击,还可能转化为现实的暴力,引发现实社会的暴力冲突,这一现象在涉及公权力运行的网络事件中表现得尤为明显。

第三,传播虚假信息,散布网络谣言。"网络的虚拟环境是滋生谣言的温床"①,网络谣言的产生是网络群体动机与网络社会信任机制相互作用的结果。从传播主体的动机上看,利己主义、哗众取宠、恶意中伤、信息利他等引发谣言传播;从生成机制上看,盲从信息流瀑、不同节点谣言的群体极化和信息偏颇接受等导致网络谣言的接受和传播。不同类型的网络谣言引发的危害不同,网络作为信息快速传播的集散地,谣言的传播速度、受众广度和可信度比前网络时代造成的后果更为严重,它严重影响着被接受者的心理稳定,引发和加速网络空间群体之间的不信任、攻击、谩骂、讽刺和戏谑,造成社会成员间的信任冲突和普遍的社会焦虑,导致社会范围内的"明显辨识

---

① 时伟:《网络虚拟社会精神文明建设的困境及其破解》,《理论月刊》,2013年12期。

的行为"①,从而严重影响了社会成员的心理稳定和社会秩序。

三、网络社会空间中的"沉默螺旋"与群体极化

哈贝马斯认为:"公共领域说到底就是公共舆论领域"②,网络社会作为新的公共领域,天生带有公共舆论的性质。网络公共空间一方面摆脱了传统的政治和商业的媒介"赋权",使绝大多数基层和"草根"拥有社会话语权,另一方面由于网络话语意识流的冲击和裹挟,走向了两个极端——"沉默螺旋"和"群体极化",从而消解了作为独立个体的真正思想,降低了网络社会空间中群体间互动的真正意义。

(一)网络中的"沉默螺旋"

"沉默螺旋"是由德国传播学家伊丽莎白·诺尔·诺依曼于20世纪70年代提出来的,她认为"人们意见的公开表达受他们所感知到的大众意见影响,当人们认为自己的意见属于多数派时便会积极表达观点,而当人们认为自己的意见是少数派时就会保持沉默"③。网络环境中,因恐惧被孤立而顺从多数人的意见的现象在网络空间中仍旧存在,其表现形式主要有四类:妥协式沉默螺旋,抗争式沉默螺旋,逆向、感性的沉默螺旋和多元无知的沉默

---

① Hunt A., Anxiety and Social Explanation: Some Anxieties about Anxiety, *Journal of Social History*, 1999(3).

② [德]尤尔根·哈贝马斯:《公共领域的结构转型》,曹卫东、王晓珏等译,学林出版社,1999年,第2页。

③ 常宁:《国内外"沉默的螺旋"理论研究述评及启示》,《青年记者》,2017年第21期。

螺旋。①

表4-2　网络空间中的"沉默螺旋"的表现、目的及影响

类型	表现	目的及影响
妥协式沉默螺旋	在发表意见之前观察舆论环境，与自己意见相同时积极表达，与自己意见相左时沉默	人内心的博弈，既要预测他人的意见动机，又要权衡自己的利弊，是出于自我保护的一种沉默
抗争式沉默螺旋	以往"沉默"主体开始发声、抗争，为维护公共利益、社会利益而对抗、批判	彰显信息人的主体性，维护公平公正
逆向、感性的沉默螺旋	对网络时间归类打包与感情预设，借助西雪花、感性化、讽刺化的语言对抗传统媒体、公共部门，使传统精英变成少数人而趋于沉默	增强公权力、社会公共部门的对抗和敌视心理，形成刻板印象
多元无知的沉默螺旋	不明真相，只凭感性知觉，受情绪化、网络化、煽动性网络语言而采取"一边倒"的谴责，	权威消解、群体狂欢，集体无意识

"沉默螺旋"导致了"信息茧房"的出现，它不仅影响人的社会认知心理，使人产生趋附性和盲从性，导致人们对意见领袖的盲目认同，强化人们对"劣势意见"的排斥心理和对"优势意见"的极端认同，还强化了人们"只听我们选择的东西和愉悦我们的东西"②，导致了个人对信息的"偏听偏看"，出现片面甚至极端化的人，不利于个人和社会的多元化发展。

（二）网络中的"群体极化"

"群体极化"是网络集体"狂欢式"交往行为。有学者认为，"网络的虚拟

---

① 李娜：《后真相时代"沉默的螺旋"的出场语境与形态》，《青年记者》，2018年第5期。

② 邱雨：《网络时代公共领域的结构危机》，《求实》，2019年第3期。

性、匿名性,可能导致舆论的情绪化、过激化"①,而网民的非理智言论与行为可能导致"群体极化",进而引发"多数人的暴政"。②在融媒体时代,随着"三微一端"等新兴媒介的出现,网络群体交流与舆论形成遵循着"裂变式个体传播——意见领袖引领方向——网络舆论力量形成——网络舆论结果影响改造个人和社会心理和认知"。在这一过程中,网络在"扩大信息来源,使人们的判断和行为更加理性的同时,也可能会成为极端主义的温床"③。这是因为,在网络社会中,个人的趋社会性使个人积极融入社会群体,人在"入网入群"的过程中,人的理性思维迅速被网络降低,退化成与"动物、痴呆、幼儿、原始人"相等同的水平,作为群体中的个人只知道全盘接受或者拒绝提供给他们的各种意见、想法,导致"人们的感情和思想都转移到同一个方向"④,个体的自觉个性和智慧消失,集体主动放弃思考,"网络大 V"统治无意识群体,异质性被同质性吞没,极端化话语侵蚀人的心智,网络舆论中的群体极化出现。

在群体极化的网络舆论当中,集体迸发的情感和信念代替了事实的真相,个体淹没在群体当中,成为网络当中单向度的人,集体成为"乌合之众"集合,人只有在集体的、统一的意见当中才能找到自己存在的意义。因而,"劣质"的认同容易转化为群氓意见,社会成为群氓社会,人在此间相互攻讦、谩骂,网络喧嚣代替了网络理性,事实的真实性不再重要,群体宣泄成为网络的"真意"。

---

①　Rowe I.Civility 2.0:A Comparative Analysis of Incivility in Online Political Discussion, *Communication&Society*, 2015(18).

②　Sunstein C., Republic.com, Princeton, Princeton University Press, 2001, p.63.

③　王道勇:《网络社会中的群体心理极化与社会合作应对》,《中共中央党校学报》,2015 年第 4 期。

④　张爱军、李文娟:《"无根之根":网络政治社会的变异与矫治》,《河南师范大学学报》(哲学社会科学版),2018 年第 2 期。

第五章 消解网络时代人性异化的
路径选择

作为一个发展时间较短且以技术为支撑的虚拟场域,网络社会首先表征的是一个人性场域,在这一场域中,人类本性既实现了物质丰富基础上的自由不被束缚,极大地促进了人的知识性、创新性的发展;但也将人性本恶的一面表现得淋漓尽致,将人由真实存在引向精神与实体的分离,损害了人的社会性、精神性,阻碍了人在本质上的发展,引发了一系列的社会问题。因此,在网络时代,从人类本性出发,研究如何规避技术带给个人、社会的异化和扭曲,培养完善、自由、充分发展的人,促进社会良性发展,是当前社会发展的基本问题。

第一节 打造人性化的网络公共空间

要打造一个宜人宜社的网络社会,我们首先要清楚的是:在快速发展的网络技术下,我们需要一个什么样的网络空间,我们应该打造一个什么样的网络社会空间,弄清楚了这个问题,我们才能确定网络社会发展的目标。我们要打造的这个网络空间应当是一个符合人性的虚拟现实空间,符合人性指的是这一空间应该满足人的交往需求,带给人精神满足,能够给人带来资源和获利的机会,能够体现人的自身价值和社会价值。因而,这个空间应该具有以下几个属性:自由、安全、公平正义、满足正当获利等,只有具备了这几个属性,民众才能信任网络、积极参与网络空间建设。

一、尊重民众的网络自由权,明确网络自由的边界

切实保证网络空间的自由性,增强网络空间的开放性,尊重民众在网络空间的自由表达权,维护民众在网络空间的隐私安全,既能促进人的本性在网络空间的有序展开,又能满足人的本性在网络虚拟空间中的体验,是网络社会建设的重要目标。互联网背景下民众对于网络的依赖有目共睹,网络不仅是获得他们利益的"武器",也是他们精神慰藉的栖息地。竭力创造和发展自由、开放、安全的网络空间是充分实现人的自由本性、创造本性、社会交往本性的应有之义,也是当前进行网络空间建设的一个重要方面。

(一)尊重网民自由权利

自由是指个体"能够免于他人的限制和强制、做自己想做的事"[①],网络社会空间的真正意义就是保护和支撑人的自由精神,保证人在网络空间中做自己感兴趣、喜欢和乐于做的事情。网络空间的自由性与平等性是网络最吸引人的品质,也是人们乐于参与网络的重要原因,因此尊重网民在网络空间的自由权,积极营造自由参与、自由创造的网络环境是网络社会存在的根本意义。

网络技术促进信息、资源、人的精神的自由流动,人在网络空间的自由

---

① 吴忠民:《社会公正论》(第三版),商务印书馆,2019,第252页。

性得到了最大的发挥。但是随着现实社会对网络空间的高度融合,网络空间内人的自由徜徉增加了许多现实性的阻碍。如现实工作对人的自由的限制延伸到网络空间,微信联系成为人工作的一部分,侵占了人的自由时间,工作关系中的"及时回复"成为人在闲暇时间中的束缚。因而在这里,我们应尽可能地避免技术导致的不自由的出现,保护人的自由权利。

(二)厘定网络自由的边界

自由暗含的另一层意义是个人的自由不能对他人构成损害,也就是说个体的自由行为对他人的利益造成损害的话,"个体则应当负责交代,并且还应当承受或者社会的或是法律的惩罚"[1],这就说明自由是有限度的,这个限度的原则是自由不能具有损他性。网络社会空间作为一个环境相对宽松的社会空间,它一方面能够为人提供充分的自由性,另一方面也意味着不受约束的自由容易损害他人的权利和利益,因此需要明确人在网络空间的自由边界:个人自由不能损害他人利益和社会利益;个人自由不能妨碍他人自由的实现,自由与规范是天然的"孪生兄弟",自由必须在遵循网络规则基础上实现。

二、重视网络安全,保护网民个人隐私

"网络安全是伴随着信息技术同步发展起来的"[2],是一种新型的安全问题,它不同于传统的安全领域,主要指的是信息方面的安全。当前,网民对网络安全事件已经有了基本的了解,尤其是像网络诈骗、个人信息泄露和设

---

① 吴忠民:《社会公正论》(第三版),商务印书馆,2019年,第253页。
② 吴会松:《网络安全概论》,《中国数据通讯网络》,2000年第2期。

备中毒等常规网络安全事件已有了亲身经历和经验教训,诸如此类的网络安全事件增加了人对网络技术的不信任感和对信息泄露的焦虑感。根据国家计算机网络应急技术处理协调中心发布的数据显示:2021年上半年,我国被篡改的网站近3.4万个,共享平台漏洞13083个,同比增长18.2%,国家信息安全漏洞共享平台验证和处置涉及政府机构、重要信息系统等网络安全漏洞事件近1.8万起,网络境外约8289个IP地址对境内1.4万个网站植入后门。①数据表明我国网络安全隐患仍然严重。

不仅如此,出于经济利益的个人信息贩卖、出于网络泄愤目的的对个人隐私的挖掘和披露,严重干扰了民众的正常生活,给民众的身心、财产带来损害和损失,也严重干扰着社会经济、政治、意识形态安全的正常运行,网络空间一旦发生重大的网络安全事故,带来的经济损失、精神损失、社会动荡等的影响非常大且较难弥补。

构筑安全网络最重要的是建立网络安全治理的协调机制,在组织、过程治理技术防护和法律支撑等方面建立严密的治理防护体系。在组织制度方面,应将网络安全上升到国家顶层设计当中,深刻认识到加强网络安全的重要性,从战略高度重视网络安全治理。从过程治理方面,安全治理活动应时刻进行,既要进行常规性网络安全检查,如对网站、搜索引擎等的病毒连接、黄赌信息进行彻底清理;又要对微信、微博、微视频、网络云盘、直播平台等领域的信息安全进行整治;还要对收集、贩卖个人信息、网络诈骗的网络经济犯罪行为进行彻底打击,坚决杜绝网络诈骗,攻击金融系统等恶性网络行为。从法律治理方面看,要将网络治理上升到法律治理层面,对信息传播领域中的网络谣言、社会互动领域的网络恶意攻击行为上升到法律治理层面,

---

① 国家计算机网络应急技术处理协调中心:《2021上半年我国互联网网络安全态势》,2021年。

以及将网络经济犯罪等全面纳入法律治理当中，规范网络主体的网络言行。

三、营造网络公平正义的空间环境

当前所处的社会转型期决定了我国当前的社会矛盾复杂且深刻，基于网络空间的平等性、虚拟性，网络空间的社会公平正义的价值认同带有明显的转型期的特征，即公平正义的观念主要体现为对社会弱势群体的同情、对公权力运行系统的腐败与越权行为的不满、对社会转型期中的自身利益和需要的诉求。这些观念比较朴实，是对现实社会的真实反映，能够聚集强大的网络舆论力量。因而，政府在网络治理过程中必须处理好社会公平与网络自由之间的关系，发挥网络在情感传递、价值认同和资源动员的正面作用，培育网络社会中的基本公平正义的价值取向。

首先，网络空间的公平正义需要监督，政府应做好"监督者"角色。一是要求政府在网络舆论中利用技术、法律手段去伪存真，减少网络虚假信息和无中生有的网络谣言，创造真实的、有价值、有意义的公平正义舆论和无"魅"环境；二是要求政府切实监督网络空间的公平正义事件得到合理的解决，在不违反原则和法律的前提下，最大限度地保护人民的利益，从而形成民众对政府、法律信任的情感动员，引导和培育全网络的公平正义价值认同，这是打造网络公平正义的关键措施。

其次，明确网络空间舆论与交往的底线和原则。应该明确，网络自由应以不损害国家安全，不破坏他人生活，不干预司法公正为底线和原则，严肃追究违背基本原则与底线行为的法律责任，及时披露网络违法信息，形成公平正义的法治环境，以此增强网络空间公平参与正义环境。

四、加强网络信息管理，规范信息传播

信息是网络空间的核心要素，网络空间传播实际上是大容量、数以亿万计的数据、信息的交织传播。网络信息的不规范传播使人自身、人与媒介、人与社会之间的互动产生了异化和扭曲，因而加强网络信息管理，规范网络信息传播，营造良好的网络信息内容是防止和解决人与社会异化的重要路径之一。

当前网络信息存在的问题主要有以下四个方面：一是网络空间充斥大量负面信息，二是网络谣言盛行，三是网络信息真伪难辨，四是网络暴力、色情信息的精神腐蚀。因此，整治和解决这些网络信息问题是创造健康有序的网络空间环境的必要条件。

第一，利用大数据技术进行网络信息分类、过滤。大数据时代，信息空前繁荣，但大量冗余、有害的信息存在弱化了人们对真相、有用知识的摄取，损害了人的思想意识，危害社会和国家的安全，"信息过滤技术可有效防范有害信息进入网络空间"①，它不仅可以通过云技术对数据信息进行分类整理，还可以将信息进行实时监测、储存，对冗余的、有害的信息进行清洗。因此，利用大数据和各种过滤软件，能够将信息带来的负面效应和危险降到最低，帮助民众获得有用、无害的信息，从基础上正面引导民众进行理性网络行为。

第二，减少网络负面信息的输出，以正面信息带动网络空间的信息互动。民众良好的网络行为的培育在于正面内容的潜移默化地影响。网络空间乱象的出现，一方面在于网络空间自身所固有的技术负面性，另一方面在

---

① 戴丽娜：《网络空间信息治理的变革与创新》，《新闻与写作》，2017年第1期。

于网络空间大量负面信息充斥了网民的头脑，无形中降低了网民自身在网络空间交往的理性和道德性，增强了网民行为失范和不道德的行为出现的概率。因而，要营造良好的网络空间环境，应培育积极向上的网络环境，减少网络负面信息的内容供给，加大网络正面信息的引领，这是营造网络空间环境最重要、最关键的措施。

第三，整治网络谣言和虚假新闻。由于网络空间参与的匿名性、低成本性、传播速度裂变性，出于不良目的和经济利益的考量，缺乏理性行为的民众制造大量的网络谣言和网络虚假信息，这些信息对网民的思想具有较大的煽动性，其"病毒式"传播的特点，降低民众对真实社会的感知和认知，破坏社会成员之间的和谐，严重影响网络交往的秩序，必须加大力度进行整治。首先，权威部门、社会精英及时公布、解析，树立信息的权威性、可靠性、科学性；其次，建立"多主体"网络信息治理机制，实现网络主体间的协同合作，共同打击网络谣言和虚假信息；最后，提高媒介主体的素养，培养"素质高、业务强"的新闻传播人员，从根本上除去不实网络信息。

第四，清除网络色情低俗信息。"网络淫秽色情信息对于青少年网民群体是一种危害极大的精神鸦片"①，网络色情低俗文化不仅消解了人的传统道德观念，异化了传统伦理秩序，损害青年、青少年的身心健康，还严重破坏现实社会秩序，引发人的病态心理，给人的心理稳定和社会稳定带来难以估量的危害。在网络的"裂变式"传播中，由于网络低俗色情信息具有亲人性的特性，人在毫无社会、道德、法律的约束下，容易被各类信息吸引和占领，在这种情况下，清理和整治网络低俗色情信息，防止其在网络大肆传播十分必要。整治网络色情低俗信息必须综合运用法律、技术手段，必须建立"黄

---

① 张元、孙巨传、洪晓楠：《新时代网络社会的发展困境与治理机制探析》，《电子政务》，2019年第8期。

赌毒"信息预警机制,建立"黄赌毒"和低俗信息数据库,建立风险评估等级,实时监测和清除相关信息,依法整治传播、贩卖相关信息的犯罪现象,从源头上遏制此类信息的传播。

第二节　完善网络空间理性制度

网络技术的负面性表现在两个方面:对个体来讲,它消解了人的内在精神,弱化了人的主体性、社会性与理性意识,降低了人对社会的"爱"的本能和对自身的"恶"的控制能力,放大了诸如虚荣、失信等人性之恶行为,强化了人的攻击与竞争的本能,因此这就在一方面造成了人对网络、智能等技术越来越依赖,另一方面也造成了人性之恶在网络空间中延伸和散播。从社会群体性来讲,由于理性的减弱,引发了一系列的网络群体非理性行为,致使网络社会问题和网络乱象丛生,网络社会运行秩序失衡。规范网络空间中的人性现象,最重要的是最大限度地矫正技术对人的本质的异化和偏离,使人能在理性意识下进行思考和活动,减少虚拟技术对人的精神的异化。

一、培养和塑造网民的个人理性

人类社会交往的公共理性建立在个体理性意识之上,要塑造和培养网民的公共理性必须充实个体的理性。在网络时代,充实个体理性,塑造网络公共理性必须以理性态度对待网络技术,祛除网络主体技术之"魅",从塑造网民的主体精神,增强网民自我理性意识,培养网民社会性三个方面入手。

（一）以理性态度对待网络技术，祛除网络主体的技术之"魅"

马尔库塞就技术进步与人的主体性丧失之间的关系性指出，"技术的进步创造了一种舒适的幸福感，削弱了人对现实的批判和反抗"[①]。作为人类生存的新的技术场域，网络技术创造了舒适的生活，解放了物质条件对人的限制，但从另一方面来讲，网络技术导致了人的主体性丧失：网络虚拟性导致了人的身份的丧失；网络的工具性导致了人的能动本性的丧失；网络的虚拟交往性导致了人的社会性丧失。产生这些问题的根本原因是人对网络技术的认识与态度存在问题，即对网络技术的元问题——网络技术对人的内在精神的影响没有进行深刻的研究和探讨，也没有针对网络技术的负面性提出合理、有效的解决措施。

相比以往的四大发明、蒸汽技术、电气技术对社会及人的内在改造，网络技术对人内在精神的塑造能力更强、影响更大，它将人的精神交流方式和精神改造从一个完全靠想象的空间无限拓展到与现实生活紧密相连的、可操作性较强的虚拟现实空间，人的精神性交流和发展的方式、改变的速度在以"天"为单位发生变化。相比传统社会对人的内在精神的长年累月的潜移默化的塑造，网络社会人的精神状态、价值观念、道德理性等内在稳定性被迅速冲击。因此，注重价值性、规范性的人让位于注重实效性、娱乐性、便利性的网络人，人的内在精神及其稳定性势必被削弱，人在此基础上势必会异化。

基于这一考虑，要祛除网络产生的技术之"魅"必须对其进行正确的认识，以理性的态度对待网络。也就是说，我们要对网络技术及其发展保持清醒的认识，并不是技术发展得越快越好，技术的发展应该考虑到人对其的适

---

① 刘玲媚：《人网异化：异化的现代形式》，《探索》，2003年第3期。

应性,应该尽可能保持技术与社会人文的平衡,积极创造与之相适应的人文环境,缓解快速发展的技术与人的较慢的适应能力之间的张力,使网络技术发展目标和发展原则建立在促进社会生产力发展和促进人的发展上。

(二)着重培养网民的主体精神,增强自我理性意识

网络技术导致人的主体性消解的逻辑是虚拟技术引发的人的自我认知的不确定性,这种不确定性主要是由两层原因导致的:一是由于身份的多元化导致自我认知的分裂;二是人的精神的极大丰富与人的物理存在性形成反差,精神凌驾于物质存在之上,导致了人的分裂。网络时代下,网民主体精神的培养应该从以下几个方面着手:

第一,弥合人的自我存在形式的分裂,培养网民主体意识。身体的缺场、思想在场的交流方式使得人泾渭分明地出现两个自我——物理的自我(现实存在的自我)和精神的自我(虚拟存在的自我),精神自我脱离了物理的限制,成为独立的、具有现实影响力的虚拟自我。相较于现实社会制度和规范对人的物理自我的限制,人的虚拟自我具有更大的自由性和自主性,人越来越倾向于以虚拟自我的形式存在,逃避现实的、物理的自我,造成自我存在形式的发展不平衡。因此,要弥合个体的自我存在形式的分裂,最重要的是肯定人的物理自我的重要性,应该积极采取各种措施使人从过度沉溺网络自我角色的认知中脱离出来,增加人的现实存在感。如积极开展丰富多彩的现实活动,吸引民众参与现实活动,引导民众自觉减少网络依赖;通过社会、家庭、学校教育,治理青少年网络成瘾的问题等。

第二,培养网民网络公民的意识。网民和网络公民是两个不同的概念,相比于意义比较宽泛的网民,网络公民具有更确定的社会和政治的含义,它标志着人作为社会人、集合体中一分子的责任和义务,确证着个体的网络社会身份的认同感和归属感,能够使人树立公民意识和公民角色定位,促使人

以平等、负责任的意识参与网络交往。因此，培养网络中人的主体性，必须将网民纳入政治社会化的过程当中，积极培养网民的网络公民参与意识、责任意识、权利与义务意识，从而规范网络公民的言行。

第三，增进网络公民的网络参与的公共理性。网络社会中"沉默螺旋"和"群体极化"现象的产生，根本原因一方面在于网络弱化了人的理性思维和思辨能力，另一方面在于个体作为"无意识"的群体存在物，容易被"网络大 V"和意见领袖的思想和观点裹挟，不能形成独立的、个性化的群体意见。因此，培育理性的公共表达环境，就要建立完善的网络意见领袖的培育机制，打击恶意制造和煽动网络舆论的意见领袖，正确引导网络舆论方向。

二、构建网络公共空间的理性体系

人性完善是人类社会发展的目标，规范人类本性及行为的根本要素是"有计划地按照利益格局来调适的做法代替对某种久已习惯的习俗的内在适应"[1]，道德教化和制度规范则是"规范内在适应性"、塑造完善人性的主要方式，人性的完善程度取决于制度理性和制度环境的优良程度。[2]人性作为反映人的基本特性的概念，具有复杂性、可变性、丰富性和立体性，是人在后天实践和生活中逐渐形成的，它的改变与环境的改变双向伴生，制度环境引导人们在社会生活和实践当中崇尚真、善、美，贬抑假、恶、丑，引导人们向善，因此这种制度环境是一种社会理性。社会理性的建立需要制度的规范，这种制度的规范主要有两种：一是法律制度规范，目的是培养人和社会的法律理性氛围；二是道德教化规范，目的是培养人和社会的道德理性氛围，两

---

① Weber, Max, *Wirtschaft und Gesellschaft*, Mohr Siebeck, 2002, pp.21-22.
② 宋增伟：《制度环境与人性完善》，《理论探讨》，2019年第4期。

者相辅相成,德法相宜才能规范人性,促进人性向善抑恶。互联网时代的虚拟空间规范人的行为,促进网络社会的健康发展必须从这两个方面出发。

(一)完善网络空间的法律制度,塑造网络社会的法律理性环境

法律是遏制人性之恶的根本制度。现实法律在现实社会空间已经成为遏制犯罪、保持社会良好运行的根本支柱,是现代社会发展和进步的保障。在现实社会中,民众已经形成了尊重法律、践行法律、信仰法律的心理基础和法律认同。然而在网络空间,民众业已形成的法律理性和现实良好的法律氛围却被大大地降低了,网络的虚拟性极大地消解了现实法律的实施效果,网络空间缺乏科学有效的法律保障成为社会共识。当"互联网+"遇到人性之弱,互联网技术使人性的弱点急剧放大和扩散,[1]脱离法律"缰绳"的人在网络空间中的"恣意狂欢"成为普遍现象,人性之恶、人性之弱完全暴露。

不可否认,当前网络社会发展的法律理性制度建设较为缓慢。虽然互联网在中国发展二十多年,且已经成功渗入社会生活的方方面面,但是到目前为止,我国关于网络空间的立法还处于初级阶段,除了刑法中关于信息、网络犯罪的若干条目的规范外,现有的法律缺位较为严重,国家还未出台诸如《刑法》《婚姻法》《经济法》等专业性强的法律。虽然国家已经出台了《网络安全法》,而且对其他法律领域关于互联网社会交往行为的法律法规进行了修订和增订,但还是呈现散、杂、效力弱且多头管理的特点,或只涉及特定领域。如《网络安全法》只涉及网络安全领域的问题,而对互联网的焦点问题并未细化。这就导致了网络法律的可操作性不强,由于法律的缺位,人们很难形成对网络空间交往的底线思维和法律思维,更不用说形成法律理性了。

---

① 于殿利:《人性、互联网与媒体融合》,《现代出版》,2016年第3期。

严肃网络空间法律的惩戒力度是网民尊重、遵守网络空间法律、形成法律理性的有效形式。然而现有的关于网络空间的法律对违法活动的法律认定和法律责任边界认定比较模糊，对网络违法行为的种类、危害级别等分类不清楚，网络法律的效力和惩戒力度不强，难以形成心理上对法律的畏惧和对良法的认同。因此，要实现网络空间法治化，首先要认真研究网络社会生活，制定并出台覆盖网络社会全领域的《互联网基本法》，做到有法可依。其次要明确网络公共空间犯罪行为的分类，并按照级别对违法行为进行合理定级，以便实现行为和法律的呼应和对照，形成法律理性在民众心理的迁移和认同关系。如对网络空间中反国家、反社会、煽动民族仇恨的言论和行为，应该定为特别重大犯罪行为；对于网络侵权、扰乱网络社会秩序或技术犯罪的定为一般刑事犯罪，或进行一般处罚、教育谈话。最后要在明确执法范围的基础上，进行严格执法，建立一支水平专业、素质过硬的执法队伍，严格按照《互联网基本法》进行执法，依法惩处网络违法行为。

（二）加强网络伦理道德建设，培养网络公共道德理性

网络技术促使个人和社会的道德伦理观念和范式发生了一定的变化，网络空间的隐匿性、去中心化和结构倾向，以及网络环境的高度个性化、草根化，网络空间法律法规的缺失、经济利益的驱动使得人的自我控制能力和自律意识减弱，[①]传统的"慎独"精神严重弱化，网络空间里的道德滑坡成为普遍现象。作为虚拟公共空间，"网络世界有自己的规则、礼仪和社会习俗，需要与之配套的道德"[②]。"如何培养网络空间的道德规范，培养什么样的道

---

① 金毅、许鸿艳：《大数据时代我国推进网络社会治理现代化的实践路径》，《中共天津市委党校学报》，2019年第3期。

② Karen Bradley, Internet lives:Social context and moral domain in adolescent development, *New Directions for Youth Development*, 2005(4).

德规范"是构建网络社会道德的关键问题,为此,应该着力解决以下两个方面的问题:

第一,明确网络道德的具体内容和边界。当前关于网络道德建设的呼吁大于实践,对于网络空间应该建设什么样的网络道德,现实社会并没有给出明确的范围和目标。从顶层政策设计到实际落实,网络道德建设的具体内容和措施仍处于混沌状态,没有进行明确的界定。网络空间道德与现实道德有很大的差别,这种差别决定了加强网络道德需要不同的内容和形式。结合网络的虚拟性、匿名性、公共性、开放性,我们必须明确网络道德的具体内容,只有这样才能让民众在实践中以此为对照,警醒个体坚守网络道德规范,从而形成良好的网络公共道德规范,巩固网络道德共识和认同,从而使个人和群体共同遵守网络道德规范,减少网络失范行为发生。

第二,加强网络伦理道德教育。网络公共空间是亿万民众共同的精神家园,要创造风清气正的网络空间,就必须在全社会范围内加强网络伦理道德教育,用传统美德和社会主义核心价值观引领网络文化建设和社会公德建设,以此强化网民的网络责任意识、道德意识,培养网民的社会公德素质。

进行网络伦理教育最重要、最基础的工作是将网络道德教育进课堂、进社区、进企业。要提高社会大众的网络行为素养,必须将网络道德教育落实到个人,实现不同年龄、不同职业、不同地区的教育培训全覆盖,增强广大民众对网络、网络交往行为规范、网络法律和道德规范等知识的认识和理解,提高民众对信息选择、识别、应用、评价的能力,并利用网络、媒体等进行案例分析和解剖,增强民众网络空间行为的权利与义务的意识。另外,还要加强网络道德教育的重点领域、重点行业的培训和教育。如,新闻媒体人的职业素养和道德素养关系着网络信息供给的质量,这一群体的职业素养直接影响着网络社会空间良好氛围的建设;网络技术人员是网络技术创新和发展的中坚力量,这一群体的素养关系着技术伦理的建设,因而必须对这一领域的人员队伍进行重点培训。

第三节　规范网络公共空间的参与行为

从根本上讲，规范网络空间中的人性之恶，张扬人性之善，不仅要丰富网络主体的内在，培育人性化的网络空间，构建理性化的规范体系，还需要对人性本身进行引导、监督和规范。网络空间中规范人性是一个非常复杂的问题，涉及人的需求、动机、结果和行为外延等多个领域，为了研究如何在网络环境中规范人类本性，本节将从提升网络主体的媒介素养、行为引导和行为犯罪与惩罚等方面探究出路，以供参考。

一、提升网络主体的媒介素养

"公民需拥有一定程度上的网络技术知识、政治知识、法律知识等，以全面的知识储备为基础，以多样化的拓展能力为支撑，才能正确地参与网络活动。"[1]这种知识和能力就是网络媒介素养。现阶段，网络媒介素养已经成为公民理性网络参与的重要条件，因此良好的媒介素养能够提高网民对网络信息、网络现象的认识、辨别和应对能力，能够抵御不良信息的侵蚀，提高网民正确使用网络的意识已经成为社会共识。

媒介素养的概念最早引自西方社会，最初的含义是指民众使用和解读媒介所必须的知识、技巧和能力。到了21世纪末，伴随信息技术、互联网技

---

① 王喆、韩广富：《新媒体时代公民网络参与的引导理路分析》，《行政论坛》，2019年第6期。

术的发展,学者们对媒介素养的理解也不断加深,认为媒介素养是人们对各种媒介信息的解读和批判能力以及使用媒介信息为个人生活、社会发展所用的能力。①现阶段,随着网络技术高度发展,培养网民的媒介素养被提到网络空间参与的"必修课"高度,媒介素养的内涵也不断地被扩充,媒介素养侧重强调新媒介素养,即培养广大民众的"充足的知识储备及在新媒体上的信息辨别能力、判断能力、社交能力、独立思考能力及组织实践能力"②。在后信息时代,伴随着民众的数字化成长、生存,数字公民成为未来社会成员的主要身份形式,而且在人工智能、数字技术、网络媒体的加持下,人们的生活、消费、思考和行为等与数字、媒体建立深深的联系,被绑架的社会情绪、病毒式传播的不良信息,强烈冲击着现有社会秩序,因此从根本上提高人们适应、辨别和实践信息的能力,提升网民的媒介素养是建立和维护虚拟现实社会的基础工作。

(一)缩小数字鸿沟,加大对网络弱势群体的媒介素养的教育和培训

"数据鸿沟的实质是数字资源的各种不平等的分配状况"③,不同网络主体占有的基础网络资源,拥有关于网络、信息等技术的知识量以及运用这些知识的能力是产生数字鸿沟的主要原因,由此产生了农民网络主体、老年网络主体、中小学生网络主体等数字弱势群体,这些网络主体面对网络世界时普遍存在的问题主要有三个:一是网络信息接收方式单一,倾向接收娱乐化和实用性信息;二是对网络信息的浅层次接收,且参与的意向消极,信息处

---

① 张志安、沈国麟:《媒介素养:一个亟待重视的全民教育课题——对中国大陆媒介素养研究的回顾和简评》,《新闻记者》,2004年第5期。

② 侯煜、杜仕勇、刘迅:《乡村治理视角下欠发达乡村村民媒介素养研究》,《四川理工学院学报》(社会科学版),2019年第6期。

③ 冯务中:《网络世界"平等性"的真相》,《高校理论战线》,2008年第5期。

理方式比较简单;三是缺乏信息认知、辨别和加工能力,容易轻易相信网络信息。产生网络弱势群体的根本原因一方面在于网络基础设施薄弱,数据接入、信息共享存在难度;另一方面在于弱势群体自身的网络知识欠缺,导致参与网络媒体信息的自我效能感低下,影响了参与积极性。

鉴于此,政府和社会团体应首先解决农村、养老院等地方的网络基础设施薄弱的问题,实现山区、落后地区、养老院等网络覆盖,并规划"智慧乡村""提速降费"等利民项目,持续进行基础资源投放和信息技术培训,确保网络弱势群体在信息获取方面的平等。其次,着重培训弱势群体的基础知识,将社区精英、技术精英、乡村精英纳入培训体系,充分发挥弱势地区的精英带动作用。最后,重视网络媒介对农村留守儿童和青少年的认知作用,通过智能终端进行信息和知识的教育,促进其健康心理和智力的发展。

(二)实行网络主体分类管理,对不同群体进行精准化媒介素养教育

在新媒体快速发展的时代,不同年龄、不同职业、不同群体对待网络的态度、信任程度是不同的,存在的媒介素养问题也不同。对于中小学生来说,随着智能手机、平板等终端功能的不断升级,网络各类游戏、网络不良小说等内容充斥网络空间,中小学生对这类信息自我控制能力较弱,沉溺其中无法自拔,容易引发消极负面的人生观和价值观,严重威胁身心健康。因此,对于这一群体应该加强学校教育和家庭管控,矫正中小学生的网络游戏等不良行为。对于大学生群体来说,不确定的网络信息及信息"轰炸"等对人的心理依赖、心理异化等问题突出,严重消解其能动性,"低头族""手机控"等现象屡见不鲜,对于这类群体,一方面应加强网络信息管理,另一方面引导他们参与现实实践,增强真实存在感,从而正确对待虚拟现实和技术对主体的虚化感。对于中青年城市和农村的职业群体来说,正面引导其参与网络空间,提高对网络信息的鉴别能力,提高抵制"三俗"和虚假信息的能

力,管控好自己的"微权力",不做网络暴力的推手的能力尤为重要。对于中老年群体来说,提高其辨别网络诈骗信息、不轻信网络谣言的能力是避免该群体被网络信息侵害的首要解决的问题。

二、强化网络公共空间的交往行为管理

网络社会作为一个复杂的系统,涉及多元主体、多元信息、多元价值、多元矛盾,网络空间行为表达呈现出越来越明显的非理性、个体化、集群化、情绪化的特征,而且随着"线下矛盾,线上爆发"的虚拟与现实密切互动且深度融合,网络社会矛盾异常复杂。从本质上看,网络公共空间是在亿万虚拟化了的现实主体的相互交往中形成的,虚拟交往作为人类新的交往方式,它实际上反映的是一种公共交往关系,即基于一定交往结构而形成的公共关系,因此强化网络空间中的各交往主体的交往行为,理顺交往关系,能够有效治理由交往行为失范而产生的网络社会问题,使交往主体行为得到优化和规范。

(一)不断探索网络治理新模式

在网络社会当中,每一次新技术的出现和更新,在给人类的生活、工作带来便利的同时,也在网络社会原有的基础上或多或少地改变和影响着网络社会和现实社会的运行规则,潜移默化地改变着人的心理和心态。在这样的背景下,网络社会的管理规则也应该随着网络社会的变化而不断探索新的管理模式:一是要深刻研究网络社会新变化、交往主体行为的结构与内容的变化,从根本上摸清网络社会发展动向,为各个管理主体、组织提供有力的理论与实践支撑;二是完善多元参与、共同监管的网络治理机制,"形成党委领导、政府管理、企业履责、社会监督、网民自律等多主体参与,经济、法

律、技术等多种手段相结合"①的网络治理模式,强化政府主导,行业、组织与个人监督,各主体自律的综合管理机制将社会多元主体纳入治理与监督体系之中。

(二)构建网络参与主体自律机制

人的行为总是受到思想的控制,随着社会竞争的加剧,网络空间互动行为的规模将会越来越大,由于网络空间向着更加便捷化、智能化、个性化的方向发展,网络空间前所未有地要求人们要更自觉、更自律地开展网络实践行为,而自律意识和自律行为的建立需要进行合理的引导,建立自律、他律和互律为主要内容的自律机制和体系。自律强调网络主体的自我行为和意识的监督、约束,主要通过提高网络主体的道德、法律、社会规范等自我规范意识进行自我监督、自我约束和自我行为规导等途径,实现在"一定社会条件下合理行为的养成"②;他律就是要求充分运用网络社会中的硬规则对网络主体进行规范,要树立互联网各项法律法规的权威,严格落实法律规定,充分运用法律和行政手段进行调节;互律强调的是培育网络社会团体、网络社会组织,形成社会团体和组织对其成员的管理和成员间的互相监督、互相自律,通过组织团体的力量进行监督和自律,从而建立网民、组织之间的良好的监督自律关系,从而提升网络参与主体对自己行为的自律。

(三)严格落实网络空间的实名制

网络实名制、网络黑名单制由韩国最早实施,韩国由于推行"对网络邮

---

① 中共中央宣传部:《习近平新时代中国特色社会主义思想学习纲要》,学习出版社、人民出版社,2019年,第153页。

② Bandura.A, Exercise of human agency through collective efficacy, *Current Directions in Psychological Science*, 2000, pp.75-78.

箱、网络论坛、博客乃至网络视频实行实名制,成为全球网络管理最彻底的国家之一"[1]。国内的学者认为网络实名制是当前规范网络行为的重点,个别学者认为,"只需要通过严格管制和实名制等手段就可以有效实现网络社会治理"[2],虽有绝对之意,但也能从中看出实名制在当前网络治理中发挥的重要作用:实名制可以有效确定网络身份,减少网络主体由于网络匿名性而对自己的言行不加规范,从而实现对网民在网络空间行为的追踪和管控,减少网络谣言、网络暴力现象,提高网络诚信度。

三、打击网络社会犯罪行为

网络犯罪产生的原因多种多样,究其根本原因在于网络社会作为一个虚拟空间,其虚拟、开放、自由、隐匿的特性使得现实社会固有的法律、道德和社会规范在虚拟空间失去了原有的意义,人出于利己的考量和人性本来之恶,在虚拟空间内最大限度地攫取经济、政治和社会利益,从而产生了大量恶性的犯罪现象。因此在打击网络空间犯罪时,我们应首先从人的本性出发,充分运用法律、技术等措施将人性之恶重新纳入现实社会规范当中。

首先,强化网络空间的刑事立法和刑事惩罚。对人性之恶规范最有效的是以公共权力为支撑的、强制执行的法律惩罚,网络空间犯罪猖獗的根本原因在于法律的空白和乏力。人在无所顾忌、毫无限制的场景中不仅容易滋生不良动机,而且在强烈的商业利益的刺激下更容易突破道德和法律底线追逐利益,因此在开放性、隐蔽性极强的网络空间,更应该强化真实有效的刑事处罚的效力,加大对危害社会经济安全、人身安全、社会安全的惩罚

---

[1]　罗静:《国外互联网监管方式的比较》,《世界经济与政治论坛》,2008年第6期。

[2]　何哲:《网络社会治理的若干关键理论问题及治理策略》,《理论与改革》,2013年第3期。

力度,提高网民的法律警戒线,从而达到预防与治理网络犯罪兼顾的效果。

其次,提升网络技术和设备加强网络空间安全性。网络犯罪、网络攻击行为往往是犯罪分子利用网络系统缺陷而恶意攻击政治、经济、社会秩序,加大对网络防御技术、防御设备的研发能力,直接关系到网络社会各领域秩序的安全。网络加密、防火墙、数字认证、漏洞修复等技术是防止非法入侵的核心技术,也是提高金融安全的关键。因此,加大网络防御技术的研发和投入,提高网络社会的技术安全性是遏制网络犯罪的极其重要的环节。

最后,严厉打击暗网论坛和暗网交易。暗网一般是人们在网络空间中基于一定的兴趣、利益而结成的具有隐蔽性、新奇性、危害性的虚拟社区,一般与黑色产业市场、犯罪和恐怖主义相联系,涉及暗杀市场、色情直播、毒品交易、自杀自残、恐怖主义筹款、恐怖主义信息互动等危险、恶性犯罪,不仅严重影响了现实社会的正常秩序,还影响了小中青等群体的身心健康,对经济社会和人的发展造成恶性损失。

结　语

一、本书的基本结论

本书主要从哲学、社会学、传播学等学科视角分析了网络技术对人、人性、群体人性的正负面影响。沿着人性发展的历史脉络,探索了不同地域、不同时期、不同制度下的人性思想,并将重点放在研究新的历史场域中人性发生的变化,展现了网络技术下人的生存状态、人性与技术的互动过程与相互作用的结果,深入分析了数字化生存中人的本性的完善与异化,并就可能产生的异化提出完善的措施和建议。回顾本书主要内容,可以得出以下基本结论:

(一)网络中的人性是现实人性的"镜像"反映

人性是人生来具有的本性,是人的先天基础与后天改造中形成的本质,具有自然性、社会性和精神性。人类社会无论发展到哪一阶段,人类的本性追求与释放也跃不出马克思主义所阐释的三种属性的范围。而且在现实社会中,人性驱使人最大限度地追求自身的生存、财富、权力、尊重与思想独立,并以这些需要的满足为动力进行活动。人类社会发展到网络时代,人类本性的基本内容没有发生太大的变化，变化的只是人性中善恶质与量的多少或者性质，即网络空间的人性只是超脱了三维空间的限制，以更加便捷、灵活和畅通地展现人的本质属性，网络技术只是为人类本性的展现提供了一种超时空、更自由的技术支撑，它缩短了人的需求与满足的距离，实现了人性属性与网络属性的直接对接。因而，可以说，网络空间中的人性现象是现实人性的"镜像"反映，它并没有超脱现实人性的范围，也没有增加或减少了人性的某些因素。

（二）网络技术在事实上为人性的展现加权

网络技术本身具有双面性，正如学者们所指出的那样，网络技术"撼动了各种制度，转化了各种文化，创造了财富又引发了贫困，激发出了贪婪、创新和希望，同时又强加了苦难，输入了绝望"[①]。因而，网络技术对于人性来讲，也具有两面性：它一方面能够很好地促进人的发展，另一方面又导致了人在网络中的本性异化，可以说，网络技术实际上为人类本性（无论是善的还是恶的）的发展和展现进行了技术赋权。首先，网络技术对人性的正面影响表现在：一是它推动了人的生存与发展需要的满足；二是它促进了人的精神世界与情感世界更加丰富；三是它促进了人的创造性发展；四是它促进了人的自由的实现。其次，网络技术对人性的负面影响在于：一是它推动了普遍的人的不正当网络经济参与，扭曲了人的逐利本性；二是网络空间的虚拟交往减弱人的现实存在感，增强现实孤独感；三是网络的工具性与娱乐性引发了个体过度网络沉溺和依赖；四是网络技术也会消解人的道德性，导致人道德价值虚无；五是网络技术消解了人在网络空间中的理性意识，引发网络

---

① 张兆曙：《"互联网+"的技术红利与非预期后果》，《天津社会科学》，2017年第5期。

暴力与群体极化现象。总之,从本质上讲,网络技术放大了人性的欲望,满足了人的情感需求,扩张了个体力量。

(三)防止网络空间中的人性异化关键在于确立网络公共空间的理性制度

人性完善是人类社会追求的目标,"制度环境是人性完善的基础和保障,人性完善的程度取决于制度环境的优良程度"①。规避网络空间中的人性异化,培养人性更加完整的个体,必须建立网络空间的理性制度,即必须建立网络空间的道德理性制度、法律理性制度、社会管理理性制度等。明确网络空间的道德内容,进行最广泛的道德教化,引导网络主体主动增加"慎独"意识、道德意识、文明意识,是网络空间创造良好人文环境必不可少的环节;建立健全网络空间法律法规,培养网民法律意识、底线意识,是规范网络空间人的行为的根本制度;建立主体管理明晰、管理体制健全、管理执行流畅的制度框架,是塑造良好社会秩序,防止网络乱象的一大关键。

另外,我们还应注意一点,对于我们应正确对待技术的发展,必须充分认识到技术更新速度与人的内在稳定性存在时间差,技术进步应充分关注人文精神,避免技术加持下的人性滑向"本恶"的一面。

二、可能的拓展研究

本书主要探讨了网络社会中的人性现象,指出了网络技术对人性的双重影响,并根据细致研究得出一定的研究结论,但是仍存在不足:从研究的学科领域上看,仍需从政治学、经济学、心理学、传播学等重要学科进行更深

---

① 宋增伟:《制度环境与人性完善》,《理论探讨》,2019年第4期。

入的研究，从而明确网络技术与人性之间的深层次关系；从网络技术和新技术发展的动态看，在信息时代，网络技术不是影响人性的唯一因素，网络技术的更新、新技术的出现，也会从侧面影响人性的展现。因此，从这个角度讲，本书仍可以继续深挖。

（一）细分学科中网络人性的深度研究

网络技术对现代社会产生了全面而又深刻的影响，这些影响涉及社会发展结构的方方面面。从政治权力角度说，它颠覆了传统社会政治管理模式，改变了传统社会的政治权力结构，是政治社会各方的权力关系角逐的新领域。在这一领域中，各个权力主体的权力分配、权力诉求和力量对决以及社会环境的变化都可能引发网络政治中的动荡，而研究这些问题也必须从人性这个根本上出发，从中找到规律。从经济学角度讲，网络人性现象在这一领域表现得更加突出和丰富多彩，由人的逐利性产生的网络现象层出不穷。另外，经济人假设这一核心概念在网络信息时代的重要性更加突出，我们应该从理论的高度探讨在高度信息化的时代，社会如何平衡、矫正人的逐利性，如何处理人的自私自利与人的道德性之间的关系，这些仍旧是一个难题。同样，在心理学、传播学、生态学等多个学科探讨和深挖网络人性的奥秘，能够全面而又深刻地理解网络社会中的人性与人性现象。

（二）以人工智能、区块链等为代表的新技术对人性的影响

"新的智能和信息革命预示着社会转型乃至文明变革的巨大机遇"[①]，在这一机遇期，我们要关注的不仅仅是新技术给社会带来的变化，比这更具有

---

① 田冠浩：《技术革命与人的回归——基于对马克思哲学当代效应的一点思考》，《马克思主义与现实》，2019年第6期。

深远意义的是关注人类自身、人的本性与人的存在,因为技术的更新与发展
最终都与人本身相联系,人与技术存在着深刻的互动关系。

　　人工智能是信息时代解放人的体力和脑力的另一个重大发明,人工智
能、大数据、云共享、虚拟现实技术的融合,创造了更加虚拟化、更加沉浸式
的环境。它不仅可以通过智能化连接、数据化储存,将人的意识进一步外
化,甚至还有可能超越人的智慧(比如在数理心智、经验方面,人的大脑能动
性远远低于人工智能),能够创造出比人类智慧更加高明的文明成果。在这
样的背景下,人将如何生存? 人类的脑力会不会退化? 高度发达的人工智
能会不会被不怀好意者利用? 人工智能最终会对人产生哪些影响? 这些都
是未知之谜,需要深入研究。再如,网络技术领域的新技术——区块链技术
的发展会给人的生存和发展带来什么样的变化,对人类本性将会产生哪些
影响,也有待于进行细致的研究。

参考文献

一、中文专著

1.《马克思恩格斯选集》(第一卷),人民出版社,1995年。

2.《马克思恩格斯文集》(第一卷),人民出版社,2009年。

3.《马克思恩格斯全集》(第三卷),人民出版社,1960年。

4.《马克思恩格斯全集》(第二十卷),人民出版社,1971年。

5.《马克思恩格斯全集》(第二十二卷),人民出版社,1965年。

6.《马克思恩格斯全集》(第二十三卷),人民出版社,1972年。

7.《马克思恩格斯全集》(第四十卷),人民出版社,1982年。

8.《马克思恩格斯全集》(第四十二卷),人民出版社,1979年。

9.《马克思恩格斯全集》(第四十六卷上册),人民出版社,1979年。

10.车铭洲、王元明:《现代西方的时代精神》,中国青年出版社,1988年。

11.郭玉锦、王欢:《网络社会学》(第三版),中国人民大学出版社,2017年。

12.何升明:《网中之我:何升明网络社会论稿》,法律出版社,2017年。

13.李士坤、赵建文:《现代西方人论》,河北人民出版社,1988年。

14.刘少杰:《网络社会的结构变迁与演化趋势》,中国人民大学出版社,2019年。

15.黄少华:《网络空间的社会行为——青少年网络行为研究》,人民出版社,2008年。

16.黄少华:《网络社会学的基本议题》,浙江大学出版社,2013年。

17.何哲:《网络社会时代的挑战、适应与治理转型》,国家行政学院出版社,2016年。

18.罗国杰:《人道主义思想论库》,华夏出版社,1993年。

19.王海明:《人性论》,商务印书馆,2005年。

20.王初根:《西方经济伦理思想新探》,江西人民出版社,2015年。

21.吴文新:《人性与人生:新人生导论》,黑龙江人民出版社,2009年。

22.吴满意:《网络人际互动——网络实践的社会视野》,人民出版社,2015年。

23.王建民:《网络化时代的个人与社会》,中国社会出版社,2017年。

24.汪广荣:《虚拟生存与人的主体性发展》,合肥工业大学出版社,2013年。

二、中译文著作

1.[奥地利]西格蒙德·弗洛伊德:《图腾与禁忌》,杨庸一译,中央编译出版社,2009年。

2.[德]阿诺德·盖伦:《技术时代的人类心灵》,何兆武、何冰译,上海科技教育出版社,2004年。

3.[德]恩斯特·卡西尔:《人论》,甘阳译,译文出版社,1985年。

4.[德]恩斯特·卡西尔:《人文科学的逻辑》,陈晖、海平等译,中国人民大学出版社,1991年。

　　5.[德]哈贝马斯:《在事实与规范之间:关于法律和民主法治国的商谈理论》,童世骏译,生活·读书·新知三联书店,2003年。

　　6.[德]康德:《历史理性批判文集》,何兆武译,商务印书馆,1990年。

　　7.[德]路德维希·费尔巴哈:《费尔巴哈哲学著作选集》(上卷),荣震华、李金山译,商务印书馆,1984年。

　　8.[德]马克斯·韦伯:《新教伦理与资本主义精神》,苏国勋等译,社会科学文献出版社,2010年。

　　9.[德]马克斯·韦伯:《韦伯作品集Ⅶ:社会学的基本概念》,顾忠华译,广西师范大学出版社,2005年。

　　10.[德]尼采:《论道德的浦西·善恶之彼岸》,谢地坤等译,漓江出版社,2000年,第141页。

　　11.[德]尤尔根·哈贝马斯:《公共领域的结构转型》,曹卫东、王晓珏等译,学林出版社,1999年。

　　12.[法]罗贝尔·库尔图瓦:《青少年期冒险行为》,费群蝶译,上海社会科学院出版社,2016年。

　　13.[古希腊]亚里士多德:《政治学》,颜一、秦典华译,人民大学出版社,2003年。

　　14.[古希腊]第欧根尼·拉尔修:《名哲言行录》(下),马永翔、赵玉兰等译,吉林人民出版社,2011年。

　　15.[荷兰]约斯·德·穆尔:《赛博空间的奥赛罗:走向虚拟本体论与人类学》,麦永雄译,广西师范大学出版社,2007年。

　　16.[美]埃里希·弗洛姆:《健全的社会》,欧阳谦译,中国文联出版公司,1988年。

　　17.[美]埃里希·弗洛姆:《弗洛姆著作精选——人性·社会·拯救》,黄颂杰主编,上海人民出版社,1989年。

18.[美]查尔斯·库利:《人类本性与社会秩序》,包凡一、王滢译,华夏出版社,1999年。

19.[美]道格拉斯·凯尔纳:《媒介奇观》,史安斌译,清华大学出版社,2003年。

20.[美]福山:《大分裂:人类本性与社会秩序的重建》,唐磊译,中国社会科学出版社,2002年。

21.[美]弗兰克·戈布尔:《第三思潮:马斯洛心理学》,吕明、陈红雯译,上海译文出版社,1987年。

22.[美]理查德·A.斯皮内洛:《世纪道德——信息技术的伦理方面》,刘钢译,中央编译出版社,1999年。

23.[美]迈克尔·海姆:《从界面到网络空间:虚拟实在的形而上学》,金吾伦、刘钢译,上海科技教育出版社,2000年。

24.[美]马克斯劳卡:《大冲突——赛博空间和高科技对现实的威胁》,黄培坚译,江西教育出版社,1999年。

25.[美]马斯洛:《动机与人格》,许金声译,华夏出版社,1987年。

26.[美]马斯洛:《马斯洛人本哲学》,成明编译,九州出版社,2003年。

27.[美]曼纽尔·卡斯特:《网络社会的崛起》,夏铸九、王志弘等译,社会科学文献出版社,2001年。

28.[美]尼古拉·尼葛洛庞帝:《数字化生存》,胡泳、范海燕译,电子工业出版社,2017年。

29.[英]弗里德利希·冯·哈耶克:《通往奴役之路》,王明毅、冯兴元等译,中国社会科学出版社,1997年。

30.[英]吉登斯:《现代性的后果》,田禾译,译林出版社,2011年。

31.[英]齐格蒙·鲍曼:《自液态现代世界的44封信》,鲍磊译,漓江出版社,2013年。

32.[英]瑞泽尔:《后现代社会理论》,谢立中等译,华夏出版社,2003年。

33.[英]亚当·斯密:《道德情操论》,蒋自强、钦北愚等译,中央编译出版社,2009年。

三、论文

1.艾福成:《马克思关于人的类本质理论及其意义》,《吉林大学社会科学学报》,2000年第4期。

2.陈杰:《弗洛姆对马克思人学思想的继承与发展》,《人民论坛》,2016年第35期。

3.陈联俊:《移动网络空间中感性意识形态兴起的价值省思》,《马克思主义与现实》,2018年第2期。

4.常宁:《国内外"沉默的螺旋"理论研究述评及启示》,《青年记者》,2017年第21期。

5.陈炜:《政治初始状态与近代西方哲学中的人性论思想》,《江西社会科学》,2013年第7期。

6.陈迎、胡海波:《马克思人性观的三重维度及其内在张力》,《理论月刊》,2018年第3期。

7.陈奕诺:《马克思人学思想及当代价值刍议》,《学术交流》,2019年第8期。

8.戴丽娜:《网络空间信息的治理的变革与创新》,《新闻与协作》,2017年第1期。

9.邓兆明:《网络化的哲学意蕴》,《岭南学刊》,2001年第2期。

10.冯务中:《网络世界"平等性"的真相》,《高校理论战线》,2008年第5期。

11. 付玉：《略论虚拟现实技术与身体"在场"之关系》，《东南传播》，2018年第11期。

12. 冯旺舟、靳晓斌：《超越网络技术与资本的合谋》，《广西社会科学》，2018年第1期。

13. 葛秋萍、殷正坤：《信息时代数字化生存的思考》，《科技进步与对策》，2001年第5期。

14. 郭娟娟、郑永廷：《论信息技术条件下人的全面发展》，《学校党建与思想教育》，2009年第26期。

15. 郭讲用：《自媒体中的自我建构与文化认同》，《当代传播》，2015年第3期。

16. 龚振黔：《论情感交流活动在虚拟社会的重大演变》，《贵州社会科学》，2018年第11期。

17. 侯煜、杜仕勇、刘迅：《乡村治理视角下欠发达乡村村民媒介素养研究》，《四川理工学院学报》（社会科学版），2019年第6期。

18. 韩庆祥：《马克思开辟的人学道路》，《江海学刊》，2005年第5期。

19. 黄浩：《互联网C2C交易的繁荣：成因、冲击与对策》，《消费经济》，2018年第5期。

20. 黄健、王东莉：《数字化生存与人文操守》，《自然辩证法研究》，2001年第10期。

21. 黄少华：《网络社会学的关键议题》，《宁夏党校学报》，2013年第3期。

22. 何哲：《网络经济：跨越计划与市场》，《经济社会体制比较》，2016年第2期。

23. 何哲：《网络社会治理的若干关键理论问题及治理策略》，《理论与改革》，2013年第3期。

24. 何哲:《网络文明时代的人类社会形态与秩序构建》,《南京社会科学》,2017年第4期。

25. 蒋建国:《网络炫富:精神贫困与价值迷失》,《现代传播》,2013年第2期。

26. 姜登峰:《法律起源的人性分析——以人性冲突为视角》,《政法论坛》,2012年第2期。

27. 贾英健:《当代技术革命与人类生存方式的变革——虚拟生存的出场逻辑及其对现实生存的虚拟性超越》,《中共浙江省委党校学报》,2010年第1期。

28. 金毅、许鸿艳:《大数据时代我国推进网络社会治理现代化的实践路径》,《中共天津市委党校学报》,2019年第3期。

29. 贾毅:《网络直播的失范与规范》,《中州学刊》,2019年第8期。

30. 廖建国:《论网络虚拟的价值》,《西南民族大学学报》(人文社会科学版),2011年第5期。

31. 廖小平:《人性、道德与科学技术——中西文化—认识论的差异、互补与融合的特殊表现》,《云南社会科学》,1993年第6期。

32. 刘玲媚:《人网异化:异化的现代形式》,《探索》,2003年第3期。

33. 李春生:《马克思人学思想与黑格尔费尔巴哈人本主义的关系》,《兰州学刊》,2009年第1期。

34. 李娜:《后真相时代"沉默的螺旋"的出场语境与形态》,《青年记者》,2018年第5期。

35. 李青:《虚拟生存何以面对——兼谈马克思关于人的生存方式思考的当代价值》,《东岳论丛》,2010年第3期。

36. 刘少杰:《网络化的缺场空间与社会学研究方法的调整》,《中国社会科学评价》,2015年第1期。

37.刘少杰:《网络社会的时空扩展、时空矛盾与社会治理》,《社会科学战线》,2016年第11期。

38.刘少杰:《网络空间的现实性、实践性与群体性》,《学习与探索》,2017年第2期。

39.刘少杰:《网络社会的感性化趋势》,《天津社会科学》,2016年第3期。

40.刘少杰:《中国网络社会的发展历程与时空扩展》,《江苏社会科学》,2018年第6期。

41.李娅娜:《德国古典哲学人性论历史观探析》,《东岳论丛》,1995年第S1期。

42.李希光、顾小琛:《舆论引导力与中国软实力》,《新闻战线》,2015年第11期。

43.罗静:《国外互联网监管方式的比较》,《世界经济与政治论坛》,2008年第6期。

44.邱雨:《网络时代公共领域的结构危机》,《求实》,2019年第3期。

45.时伟:《网络虚拟社会精神文明建设的困境及其破解》,《理论月刊》,2013年第12期。

46.田冠浩:《技术革命与人的回归——基于对马克思哲学当代效应的一点思考》,《马克思主义与现实》,2019年第6期。

47.宋增伟:《制度环境与人性完善》,《理论探讨》,2019年第4期。

48.王彩云:《中西政治旨趣迥异的人性论基础》,《郑州大学学报》(哲学社会科学版),2004年第4期。

49.王道勇:《网络社会中的群体心理极化与社会合作应对》,《中共中央党校学报》,2015年第4期。

50.王喆、韩广富:《新媒体时代公民网络参与的引导理路分析》,《行政论坛》,2019年第6期。

51. 吴诚、邓希泉：《大学生网络行为去抑制化的政府应对策略》，《鄂州大学学报》，2014年第9期。

52. 吴会松：《网络安全概论》，《中国数据通讯网络》，2000年第2期。

53. 魏钢：《网络观与网络的工具性和文化本质》，《探索》，2004年第2期。

54. 王淑梅：《从人的生存发展看网络虚拟实在》，《学术论坛》，2007年第7期。

55. 王浪：《数字化时代人文精神的失落与重塑》，《理论导刊》，2010年第6期。

56. 吴秀莲：《人性与道德》，《伦理学研究》，2011年第3期。

57. 吴致远：《论技术人性化的北韩与实现途径》，《中州学刊》，2014年第12期。

58. 王元明：《中西政治学说的人性论基础》，《天津师范大学学报》(社会科学版)，2009年第3期。

59. 于殿利：《人性、互联网与媒体融合》，《现代出版》，2016年第3期。

60. 姚登权：《论工具改变交往——数字化生存的异化作用》，《湖南师范大学社会科学学报》，2011年第6期。

61. 喻国明：《当前社会舆情场：结构性特点与演进趋势》，《前线》，2015年第12期。

62. 叶娟丽：《西方政治制度的人性论基础》，《江汉论坛》，2003年第12期。

63. 余文斌：《网络传播技术逻辑与人文反思》，《现代传播》，2008年第2期。

64. 张爱军、李文娟：《"无根之根"：网络政治社会的变异与矫治》，《河南师范大学学报》(哲学社会科学版)，2018年第2期。

65. 仲彬：《马克思的个性观探微》，《南京政治学院学报》，2007年第5期。

66. 朱代琼、王国华:《基于社会情绪"扩音"机制的网络舆情传播分析——以"红黄蓝幼儿园虐童事件"为例》,《西南民族大学学报》(人文社科版),2019年第3期。

67. 朱富强:《经济人行为是私恶还是公益:西方社会的人性观溯源》,《改革与战略》,2011年第9期。

68. 朱富强:《社会互动中的人性塑造——重新审视经济学中的自利假设》,《改革与战略》,2010年第7期。

69. 祝华新:《门户网站对环境问题很熟悉吗?》,《环境经济》,2015年第Z3期。

70. 曾慧、黄红生:《虚拟技术的人学审视》,《求索》,2010年第10期。

71. 周前程:《人性观:政治哲学的逻辑起点》,《上海行政学院学报》,2008年第2期。

72. 张良:《论马克思人学思想的逻辑内涵与时代价值》,《求索》,2012年第11期。

73. 张元、丁三青、李晓宁:《网络道德异化与和谐网络文化建设》,《现代传播》,2014年第4期。

74. 张元、孙巨传、洪晓楠:《新时代网络社会的发展困境与治理机制探析》,《电子政务》,2019年第8期。

75. 张兆曙:《"互联网+"的技术红利与非预期后果》,《天津社会科学》,2017年第5期。

76. 张志安、晏齐宏:《个人情绪、社会情感、集体意志——网络舆论的非理性及其因素研究》,《新闻记者》,2016年第11期。

77. 张志安、沈国麟:《媒介素养:一个亟待重视的全民教育课题——对中国大陆媒介素养研究的回顾和简评》,《新闻记者》,2004年第5期。

四、外文文献

1. Bandura. A., Exercise of Human Agency Through Collective Efficacy, *Current Directions in Psychological Science*, 2000(3).

2. Bargh J.A., McKenna L.Y.A., The Internet and Social Life, *Annual Review of Psychology*, 2004(55).

3. B. Gorayska, J.L. Mey, *Cognitive Technology:In Search of a Humane Interface*, Elsevier/North Holland, 1996.

4. Karen Bradley, Internet lives:Social context and moral domain in adolescent, *New Directions for Youth Development*, 2005(Winter).

5. Hunt A., Anxiety and Social Explanation:Some Anxieties about Anxiety, *Journal of Social History*, 1999(3).

6. Jones .A.H.M, *Athenian Democracy*, Oxford University Press, 1957.

7. Kevin Robins, Cyberspace and the World We Live in, *Body & Society*,2000 (3–4).

8. Spiro Kiousis, Interactivity: a concept explication, *New Media & Society*, 2002(3).

9. Pruitt, D., Choice shifts in group discussion:An introductory review, *Journal of Personality and Social Psychology*,1971(3).

10. Toda, M., Monden, K., Kubo, K., &Morimoto, K, Mobile Phone Dependence and Health–related Lifestyle of University Students, *Social Behavior and Personality*,2006(10).

11. Rowe I., Civility 2.0:A Comparative Analysis of Incivility in Online Political Discussion, *Information, Communication & Society*,2015(2).

12. Weber, Max, *Wirtschaft und Gesellschaft*, Mohr Siebeck, 2002.